U0172727

谦德少年文库
QIANDE JUVENILE LIBRARY

# 给孩子的几何四书
# 几何作图

许纯舫 著

团结出版社

**图书在版编目（CIP）数据**

几何作图 / 许莼舫著. — 北京：团结出版社,2020.9

（给孩子的几何四书）

ISBN 978-7-5126-8441-6

Ⅰ. ①几… Ⅱ. ①许… Ⅲ. ①几何–青少年读物

Ⅳ. ①O18-49

中国版本图书馆CIP数据核字(2020)第227083号

---

**出版:** 团结出版社

（北京市东城区东皇城根南街84号 邮编: 100006）

**电话:**（010）65228880 65244790 (传真）

**网址:** www.tjpress.com

**Email:** zb65244790@vip.163.com

**经销:** 全国新华书店

**印刷:** 北京天宇万达印刷有限公司

---

**开本:** 145×210 1/32

**印张:** 25

**字数:** 350千字

**版次:** 2021年1月 第1版

**印次:** 2021年1月 第1次印刷

---

**书号:** 978-7-5126-8441-6

**定价:** 128.00元（全4册）

# 作者的话

有些中学同学在学习平面几何学的时候，由于对基本概念了解得不够清楚，即使对定理和法则都明白也不会灵活运用，因此难于获得良好的学习效果。作者因为有这样的感觉，才编写了这一套小书。这套书分《几何定理和证题》《几何作图》《轨迹》和《几何计算》四册。内容主要是：(1) 帮助同学们透彻了解教科书里的材料；(2) 把这些材料分类和总结，指导同学们去运用，从而掌握解题的正确方法；(3) 通过多道例题，对同学们做出较多的引导和启示，借此获得观摩的效果；(4) 提供一些补充材料，使同学们扩大眼界，充实知识，提高理论基础水平，为进一步学习创造有利条件。

本书是关于几何作图的一册，编排方法和前一册类似。先从实际问题出发，解释几个基本的概念，使同学们获得彻底的了解。再分门别类，启示各种作图题的分析思考，寻求解答的方法。最后，举例说明怎样把作图法灵活运用。凡是对几何证题有些基础的同学，在学习作图时用本书作参考，可以解决不少困难。

为了引起同学们的学习兴趣，本书讲解了一些教科书里讲不到的内容，像以五角星为例说明近似作图法，以“三等分任意角”为例说明作图不能问题，以及由于太省略过程而使结果不合理的例题等。

轨迹相交的作图法，是比较重要且又最基本的，但是由于编排顺序的关系，在这里不可能讲得很详细，有些较深的部分，须留到《轨迹》的一册里补述，读者在必要时可参阅该书。

本书在编写时虽经仔细斟酌，但错误之处还恐难免，希望读者多多批评和指正。

许莼舫

# 目录 contents

# 一　基本知识

# 什么是几何作图题

红色的旗子上缀着一大四小，五颗正五角形的黄星，谁都知道这是我们中华人民共和国的国旗。面对着这庄严美丽的国旗，每个人都会激发起热爱祖国的情绪。这国旗上的正五角星是同学们没有一天不见到的，那么它的正确合理的画法是怎样的呢？学过几何的人怕有一大部分还是回答不出来吧！现在就把这一个问题来谈一下。

我们要画一个正五角星，首先必须预定它的大小。大家都知道，正五角星是由一个正五边形的五条对角线所围成的，也可以算作是从一个正五边形的各边的延长线所围成的。这正五角星的五个角顶一定是在同一圆周上，换句话说，就是它一定有一个外接圆。要预定正五角星的大小，只须先定下它的外接圆。有了外接圆，

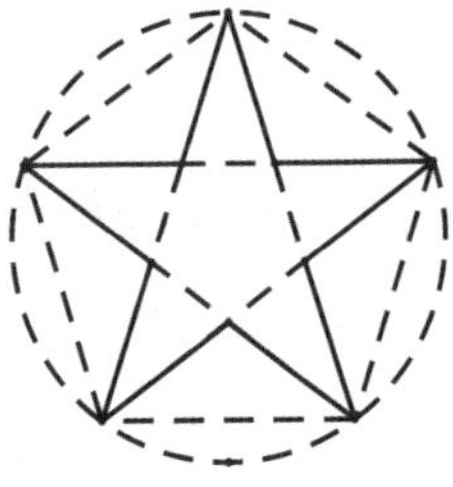

要怎样才能正确合理地画成一个正五角星呢？请看下面的答案：

在已知的外接圆$O$里做一任意直径$AB$。拿$A$、$B$各做圆心，拿大于$AO$的任意长做半径画两弧，相交于$C$，连$OC$（必要时须延长），交圆于$D$。拿$B$做圆心，$BO$做半径画弧，交圆于$E$和$F$，连$EF$，交$BO$于$G$。拿$G$做圆心，$G$和$D$的距离做半径画弧，交$AO$于$H$。拿$D$做圆心，$D$和$H$的距离做半径画弧，交圆于$K$。再拿$K$做圆心，$D$和$H$的距离做半径画弧，交圆于$L$。以此类推，得交点$M$、$N$。连$DL$、$LN$、$NK$、$KM$、$MD$五直线，顺次交于$P$、$Q$、$R$、$S$、$T$，那么$DPKQLRMSNT$就是所需的正五角星。

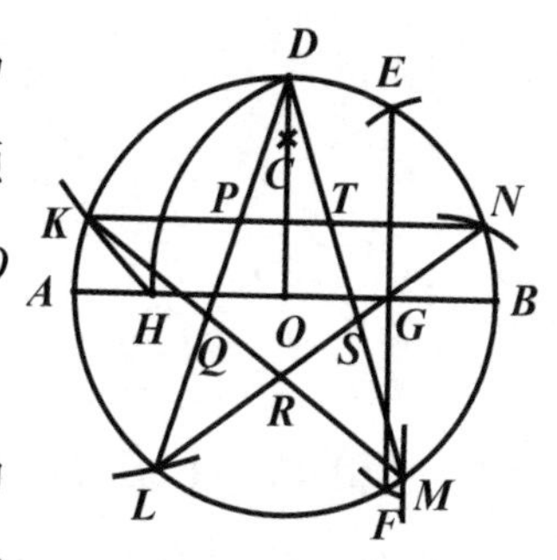


像上举的问题，要依照已知的条件（如已知一外接圆），用正确合理的几何方法作出所需的图形（如要作一内接的正五角星）就是几何学中的作图法。

上举正五角星的作图方法，究竟是否正确合理，应该根据几何定理加以证明，这里暂且丢开不讲，同学们读到本书的结尾，自然可以知道。

关于作图方法的研究，在实际应用上，有工程、机械、美术等方面，很有用途，对于经济建设和文化建设的进步，都有很大的关系。现在我们要求学用一致，我们学习几何作图，绝不能忽略这一点。

## 作图用具的限制

我们常说做一件事情要有一定的规矩。什么是“规矩”？我国古代有一句话，“不以规矩，不能成方圆”。这“规”和“矩”两个字，原意是工人制造器物用的两件工具，“规”就是圆规，“矩”是现在的木工也常用的，俗称曲尺，由两根直尺依垂直的方向相接而成。有了规才能画正确的圆形，有了矩才能画正确的方形。如果工人不用规、矩两件工具，胡乱制造器物，那就会圆的不圆，方的不方，不成一个样子了。

几何作图也用两件工具，一件就是上述的规，但另一件是单独的一根直尺。概括言之，几何作图要根据如下的三条公法进行：

(1)定直线的公法 通过两点可以引一直线（或在两点间可连一线段）。

(2)延长线的公法 一线段可任意延长。

（3）作圆的公法　拿定点做圆心，定长做半径，可以作一个圆（或一段弧）。

这三条公法，是由实践知道的作图方法，同公理一样，不须加以证明，就可认为成立，是作图法的基础。其中的（1）和（2）可用直尺作成，（3）可用圆规作成。诸位回头去看一看前节所举正五角星的作图方法，不是都根据这三条公法、用这两件工具作成的吗？

几何学上用的直尺是不许有刻度的。我们通常买到的直尺都有刻度，但在作图时必须注意，用这些直尺只能过两点引一直线，或延长一线段，不许用它去量长短。

几何作图所用的工具，为什么要有这样严格的限制呢？我们用有刻度的直尺去画一条线段，使它等于已知的线段；用三角板去画一个直角或一直线的垂线，不是更便利吗？其实这是因为历史的原因，过去认为有刻度的尺上所刻的尺寸，或三角板上制就的直角，是信不过的，在理论上就不承认这样的作图方法。过去认为几何是用理论推演的学科，虽然用圆规画的圆也许不很圆，用直尺画的直线也许不很直，但是在这两件工具中缺少了任何一件就无法作图，因此就限制用这两件工具，使图形既可以作，而又把不可靠的限度减少到最小，可以认为是比较妥善的一个方法。现在的几何作图就沿袭了这个规定。

一切的几何图形，用圆规和直尺都能作成吗？这是不可能的，但大多数的作图题是可以解的。关于在这限制下不能作图的情形，留待后面讨论。

## 作图的可能问题

我们有了规、尺两件工具和定直线、延长线、作圆三条公法，大多数的作图题都可求得解答。这些在规定的限制下可以解决的问题，叫作作图的可能问题。下面就是一个例子：

〔例一〕过定直线上（或直线外）的一个定点，作这条直线的垂线。

我们在初学几何的时候，就知道“过定直线上（或直线外）的一个定点，可引这直线的一条垂线”，所以作图是可能的。它的作法，同学们也许早已学到，下面再做一简略的叙述：

假使定直线$XY$，这线上的一个定点是$O$，要过$O$作$XY$的垂线，可以先拿$O$做圆心，任意长做半径画弧，交$XY$于$A$、$B$。再拿$A$、$B$各做圆心，同拿大于$AO$的任意长做半径画两弧，相交于$C$。连$CO$，就是所求的垂线。

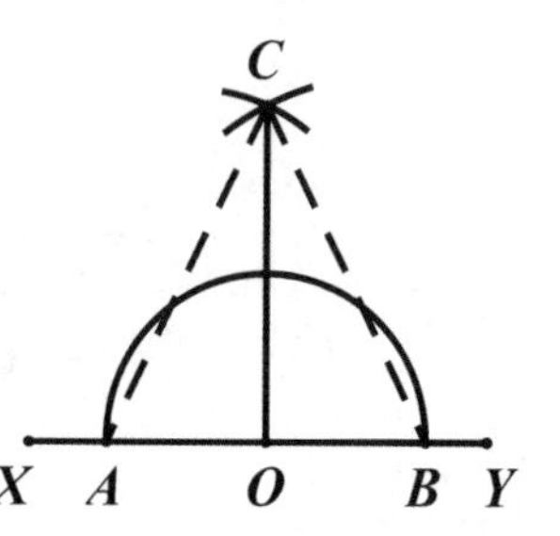


证　因为$AO=BO$（同圆的半径相等），$AC=BC$（由作法，交于$C$的两弧是以同长做半径的），$CO=CO$（恒等），所以$\triangle ACO \cong \triangle BCO$（边、边、边），$\angle AOC=\angle BOC$（全等三角形的对应角相等），$CO \perp XY$（邻补角相等，那么二线垂直）。

在本章第一节里作正五角星的方法中，作$OC$的方法，其实就是上述作垂线的方法。

还有“过定直线外的一个定点，作这直线的平行线”“作定线段的垂直平分线”“取定线段的中点”等，都是作图可能的，同学们在教科书中都会学到，这里不再细讲。

上面举的几个例子，每一题仅有一种解答，叫作独解问题。但在作图可能的问题中，因所设条件性质的不同，往往会有两种或两种以上的解答，叫作多解问题。下面举两个例子：

〔例二〕已知直线$XY$和在它同侧的两定点$A$、$B$，试在$XY$上求两点$P$、$Q$，使$PQ$等于定长$l$，且$AP=BQ$。

应该怎样着手去研究这一个问题的解法，这里暂且不讲，下面只举出它的作法和证明，由此探求它的解答的种数。

作法　过$A$作$XY$的平行线$MN$。拿$A$做圆心，$l$做半径画弧，交$MN$于$C$。连$BC$，作$BC$的垂直平分线，交$XY$于$Q$。连$CQ$、$BQ$，在$XY$上取$QP=l$（就是拿$Q$做圆心，$l$做半径画弧，交$XY$于$P$）。那么$P$、$Q$就是所求的两点。

证　因$APQC$是▱（从作法，一组对边平行而且相等），故$AP=CQ$（▱对边相等）。又因$Q$在$BC$的垂直平分线上（见作法），所以$BQ=CQ$（线段的垂直平分线上的点，距线段的两端等长），$AP=BQ$（等于同量的量相等）。又因$PQ=l$，$P$、$Q$都在$XY$上，所以$P$、$Q$符合题中的条件，是所求的两点。

因为拿$A$做圆心，$l$做半径的圆和$MN$常有两交点$C$和$C'$，所以本题通常有两种解答。但是遇到特殊情形，在$BC$和$BC'$两线段中有一线段恰巧同$XY$垂直，那么像上面的这幅图，

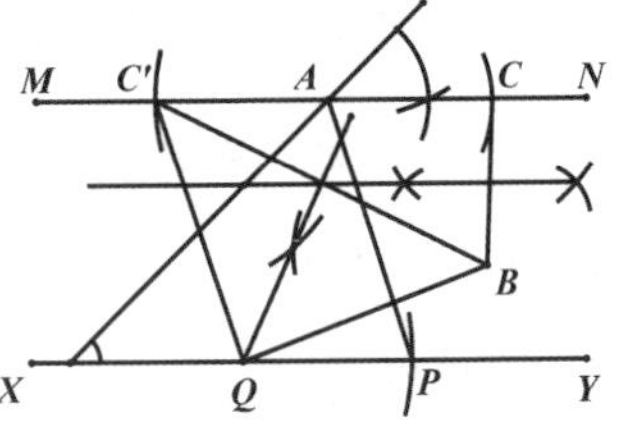


这一线段的垂直平分线同$XY$平行，没有交点，所以只有一种解答方法。

〔例三〕已知半径$a$，求作一圆，使它切于一已知圆$O$，且切于一已知直线$XY$。

作法　过$XY$上的任意点$A$作一垂线。在这条垂线上取$AB$、$AC$，使各等于$a$。过$B$、$C$各作$XY$的平行线$L$、$L'$。假定已知圆的半径是$r$，拿$O$做圆心，$r+a$、$r-a$各做半径作两圆$C$、$C'$。假使$L$、$L'$和$C$、$C'$的一个交点是$P$，那么拿$P$做圆心，$a$做半径的圆就是所求的圆。

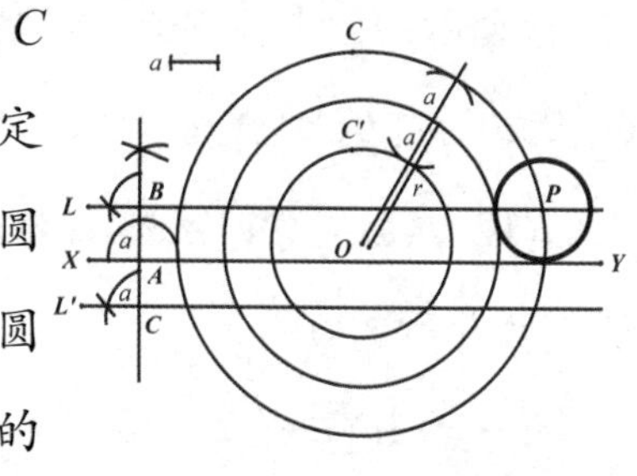


证　因$P$同$XY$的距离等于$a$（//线距离处处相等），所以$\odot P$切于$XY$（圆的圆心同直线的距离等于半径，那么圆同直线相切），又因$OP=r\pm a$，所以$\odot P$切于$\odot O$（两圆的圆心距离等于两半径的和或差，那么两圆外切或内切）。

在上图所示的情形中，直线$L$、$L'$和圆$C$、$C'$的交点有八个，每一交点都可以做所求圆的圆心，一共有八种解答方法。假使把已知半径$A$的长度或$XY$同$\odot O$的相关位置任意改变，解答数也跟着改变。当$L$、$L'$中的一线切于$\odot C'$时，有七种解答方法；都切于$\odot C'$，或一线同$\odot C'$相交，另一线同$\odot C'$相离，有六种解答方法；一线切于$\odot C'$，另一线同$\odot C'$相离，或一线同$\odot C'$相交，另一线切于$\odot C$，有五种解答方法；都同⊙$C'$ 相离，或一线同⊙$C'$ 相交，另一线同⊙$C$ 相离，或一线切于⊙$C'$，另一线切于⊙$C$，有四种解答方法；一线同⊙$C$相交，另一线同⊙$C$相切，或一线同⊙$C'$ 相切，另一线同⊙$C$相离，有三种解答方法；都切于⊙$C$，或一线同⊙$C$ 相交，另一线同⊙$C$相离，有两种解答方法；一线切于⊙$C$，另一线同⊙$C$相离，只有一种解答方法。假使$a=r$或$a>r$时，本题的解答方法至多有四种。

在上面举的三个例子里，求作的图形不但形状和大小都要适合所设的条件，而且还须依照一定的位置。凡形状大小不完全相同，而位置各异的图形，都可作为解答的作图题，叫作定位置的问题。

假使题设条件只指定形状和大小，而同位置无关，那么只取形状大小不同的，分别作为解答；至于位置不同而形状大小相同的，不能算作是另外的解答。这样的作图题叫作不定位置的问题。下面的两个例子就是。

〔例四〕已知三边的长为$a$、$b$、$c$，求作三角形。

作法　先在任意直线上取$BC=a$。拿$C$做圆心，$b$做半径画弧，再拿$B$做圆心，$c$做半径画弧，两弧相交于$A$、$A'$ 两点。连$AB$、$AC$、$A'B$、$A'C$，得$\triangle ABC$和$\triangle A'BC$。

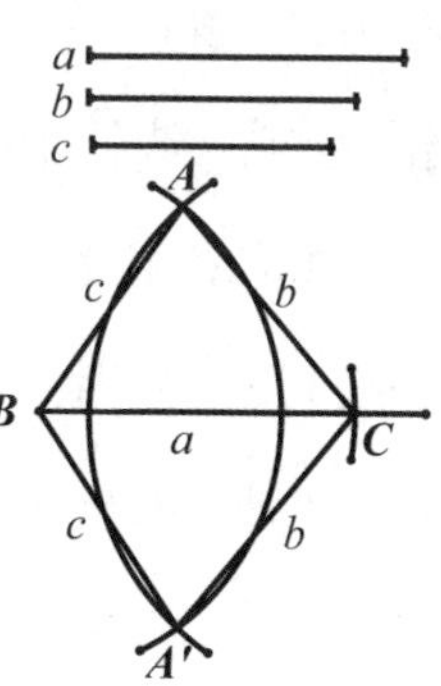


这里所得的两个三角形好像都是本题的答案，但这其实是不对的。因为题中没有指定所求三角形的位置，$\triangle ABC$和$\triangle A'BC$的位置虽然不同，但形状大小完全一样，所以只取$\triangle ABC$这一种答案。

〔例五〕已知的两边的长分别是$b$、$c$，又知其中等于$b$的一边所对的$\angle B$的大小是$\beta$，求作三角形。

作法 先在任意位置作$\angle B=\beta$，在$\angle B$的一边上取$BA=c$。拿$A$做圆心，$b$做半径画弧，同$\angle B$的另一边交于$C$、$C'$两点，连$AC$、$AC'$，得$\triangle ABC$和$\triangle ABC'$。

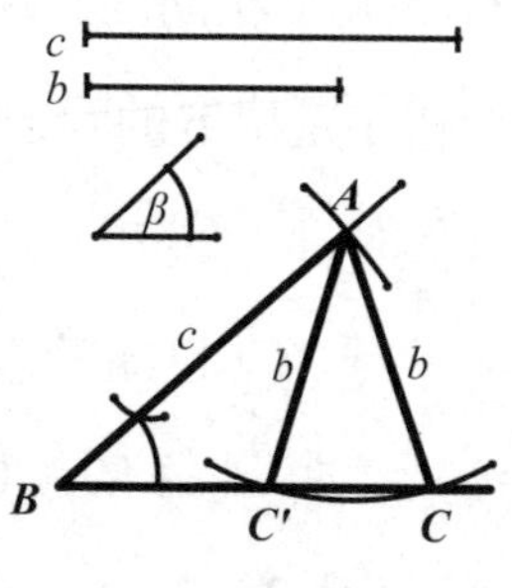


这样所成的$\triangle ABC$和$\triangle ABC'$，形状大小都不相同，才能算作是两种解答方法。假使把等于$c$的$AB$线取在$\angle B$的另一边上，同法又可作成两个三角形，因为和前面所得的两个三角形分别全等，所以不能算作另外的解答方法。

## 作图题的不定和无解

在作图的问题中，有时因所设条件的情况特殊，解答的方法可以多到无穷。这样的作图题叫作不定问题。

譬如在上节的例二中，假使所设的$B$点恰巧在$MN$上，并且同$A$的距离恰巧等于$l$，那么分别过$A$、$B$两点所作的任何两平行线，同$XY$的两交点都是所求的点，解答的方法无穷。

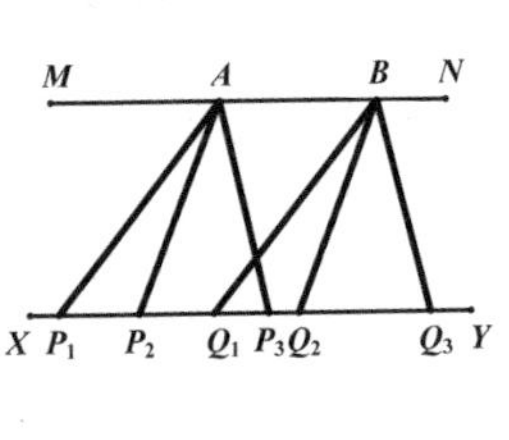


有时问题中的所设条件不足，适合于所设条件的图形也可以多到无穷个。这种问题也是不定问题。

如“已知两点$A$、$B$，试另求一点，使距$A$、$B$等长”，这就是一个不定问题。因为我们都知道距$A$、$B$等远的点可以多到无穷，并且都在$A$、$B$的连接线的垂直平分线$CD$上，这一条垂直平分线叫作适合所设条件的点的轨迹

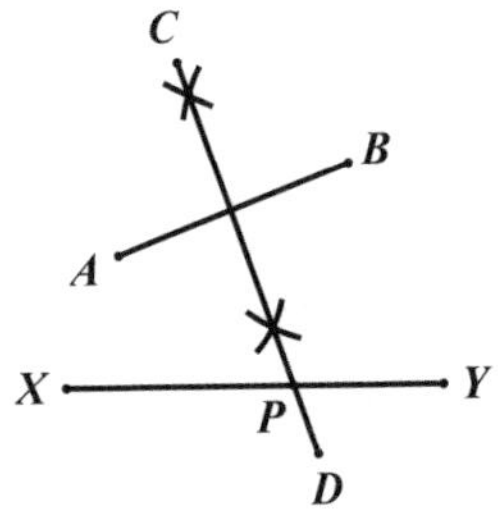

（就是适合所设条件的许多点集合而成的一条轨道）。本题只能求出这种点的轨迹，但不能确定所求的点的位置。

研究这一问题会不定的原因，就会知道是设条件不够充足所致。假使在题中增一条件“且这一点须在已知直线$XY$上”，那么$CD$和$XY$的交点$P$就是所求的解答。

在上面举的例题中，假使$AB$直线恰巧同$XY$垂直，那么$CD$和$XY$平行，没有交点，仍旧求不到解答。这种因所设条件的情形特殊，导致求不出答案的作图题，叫作无解问题。

作图题无解的情形是时常会遇到的。如在上节的〔例三〕中，假定直线$L$、$L'$ 和圆$C$、$C'$ 都不相遇，问题就无解。又如〔例四〕中所设长度$b$、$c$的和不大于$a$，那么所画的两弧相切或不相遇，$\triangle ABC$无法作成。〔例五〕的$b$过短，拿$A$做圆心所作的弧同$\angle B$的另一边不相遇时，也成无解。

# 作图题的不合理

作图题的条件不足，解答可多到无穷，成为不定问题，上节已经讲过。假使反过来研究，作图题的条件太多，欲要所有条件适合，事实上往往无法办到，这就成了不合理的问题。

如在问题“过定线段$AB$外的一定点$P$，求作$AB$的垂直平分线”中，求作的一直线须同时满足如下的三个所设条件：

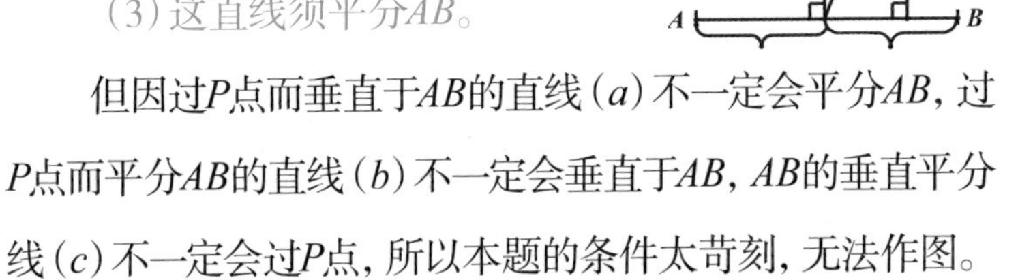


（1）这直线须过$P$点。

（2）这直线须垂直于$AB$。

（3）这直线须平分$AB$。

但因过$P$点而垂直于$AB$的直线（$a$）不一定会平分$AB$，过$P$点而平分$AB$的直线（$b$）不一定会垂直于$AB$，$AB$的垂直平分线（$c$）不一定会过$P$点，所以本题的条件太苛刻，无法作图。假使在这三个条件中任意去掉一个，作图就有可能了。

初学几何的人，在证明定理或习题时，对于作辅助线的方法往往不很明了，常见有如上的不合理的问题，这是应该特别注意的。

不合理的作图题同上节所讲的无解问题，在意义上是不相同的。无解的问题只须扩充解的性质，譬如两条平行线可认作相交于“无穷远点”，两个相离圆可认作相交于“虚点”，这样就有意义可言，同学们将来在解析几何学里就会学到。至于不合理的问题，即使把解的性质加以扩充，还是没有意义的。

从上述看来，作图题中所设的条件太少，解答数就多到无穷；条件太多，解答数就可能没有，所以所设条件必须不多不少，恰到好处，这样才可以算作是一个完美的作图题。

## 作图的不能问题

几何作图受到用具和公法的限制，这就导致有些问题无法获得解决，这样的作图题叫作不能问题。

譬如“三等分一个任意角”，就是几何学上最著名的一个不能问题。这个问题看似简单，但是几千年来研究数学的人为了它不知绞去多少脑汁，结果都是枉费心机，始终没有方法解决。直到20世纪数学分析发达，才知道从这一作图题所引出的方程，是不能归于一次或二次方程解决的，证明是一个作图的不能问题。于是对这一问题的研究才算告一段落，不再去为它大伤脑筋了。

那么三等分任意角是绝对没有办法的吗？不！我们应该注意，这里所谓不能解，是指在用规、尺两种工具的限制下而说的，假使把这样的限制取消，就会变作可能了。

在古希腊时代，早已有人用曲线解决过三等分任意角的问题，两千年来又有许多人找出过新的方法。只需在规、尺之外，添用别的工具（其实就是添设公法），要解决这样的问题，是没有多大困难的。下面先举两种最简易的解法，借以增加学习兴趣。读者试找出它在什么地方越出了三条几何公法的限制。

解法一　假定$\angle BAC$是已知角，从一边$AC$上的任意点$C$作这边的垂线，交另一边于$B$。再从$A$作一直线，交$BC$于$E$，交过$B$而平行于$AC$的直线于$D$，使$ED=2AB$。那么$\angle EAC$就是$\angle BAC$的三分之一。

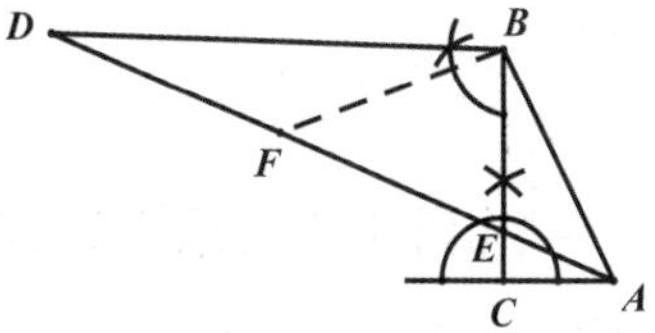

证　取$DE$的中点$F$，连$BF$。因$\angle DBE=\angle BCA=90°$（$//$线的内错角相等），所以$BF=DF=AB$（直角△的斜边中点距各顶点等远，又根据作法）。又因为$\angle BAE=\angle BFE$、$\angle FBD=\angle FDB$（等腰△底角相等），所以$\angle BAE=\angle BFE=\angle FBD+\angle FDB=2\angle FDB=2\angle EAC$（△外角定理，代入，$//$线的内错角相等），即$\angle EAC=\frac{1}{3}\angle BAC$。

解法二　拿已知$\angle AOB$的顶点$O$做圆心，任意长做半径作一圆，交两边于$A$、$B$，又交$BO$的延长线于$C$。延长$OA$到$D$，连$CD$，交圆于$E$，使$ED=OC$。过$O$作

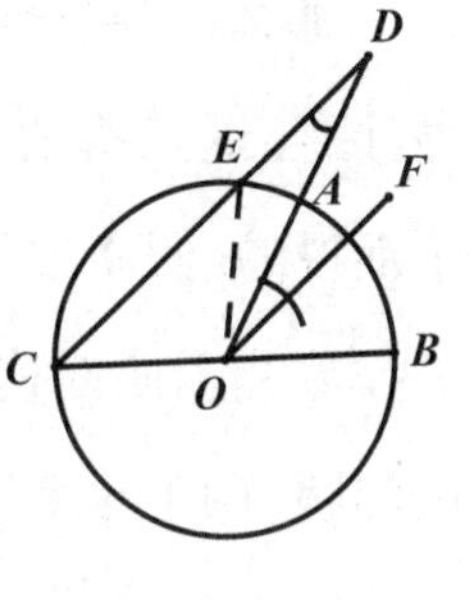

$OF//CD$，那么$\angle AOF=\frac{1}{3}\angle AOB$。

证　连$OE$，因为$ED=OC=OE$（作法及同圆的半径相等），$\angle EOD=\angle EDO$，$\angle OEC=\angle OCE$（等腰△底角相等），所以$\angle FOB=\angle OCE=\angle OEC=\angle EOD+\angle EDO=2\angle EDO=2\angle AOF$（理由与解法一类似），即$\angle AOF=\frac{1}{3}\angle AOB$。

在解法一中的$E$点和解法二中的$D$点，都是不依据几何公法而得到的，必须借助于有刻度的尺才能成功。下面再举一个应用三角板的解法，这当然也是越出规、尺作图的范围的。

解法三　作已知$\angle AOB$的一边$OB$的平行线$XY$，使它们的距离是任意长$l$，取两块三角板，使两个直角顶相合于$C$，一组直角边相合成$CG$，另一组直角边相接而成$HK$。在$CH$、$CK$上取$CD$、$CE$，使各等于$l$。把这样拼凑的两块三角板放到$\angle AOB$上，使$CG$过$O$，而$D$和$E$分别落在$OA$和$XY$上。那么从$O$到$C$和$E$两处的点连成的直线，就是所求的三等分线。

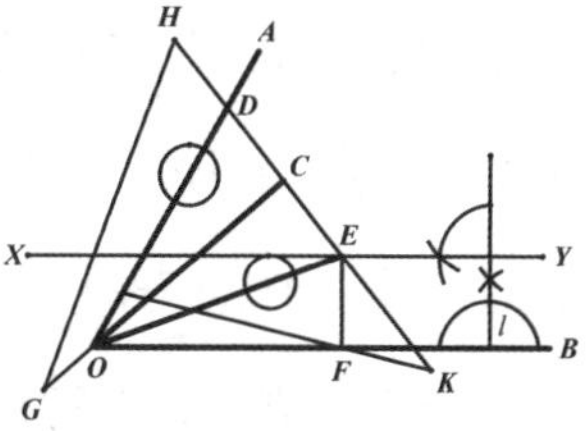

证　从$E$处作$EF\perp OB$，因为$CD=CE=EF=l$，$\angle EFO=\angle ECO=\angle DCO=90°$，又$OE=OE$、$OC=OC$，所以$\triangle OEF\cong\triangle OEC$（斜边、直角边），$\triangle OEC\cong\triangle ODC$（边、角、

边)。于是$\angle EOF=\angle EOC=\angle DOC$。

从上面举的各种解法可知，由于工具技术的改进，可以使不能的问题成为可能，这就是科学的进步。在前面我们虽然说过，单用规、尺两种工具来作图是比较可靠的，但在无法解决实际问题时，如果墨守成法，不去创造新的工具，使科学停留在一定的阶段，不能获得进步，也是不应该的。因此，我们要把科学用于实践，力求工具的改善，以便作出适合我们需要的一切图形。

在科学的不断发展中，作图的新工具已经发明了不少，从而使规、尺作图的实用价值大为降低。那么我们在中学为什么还是要去研究这些陈旧的东西呢？讲到它的原因，除了有一部分仍切合实用外，还因这些问题是初等数学中最适合学生作思考推理的训练部分。通过这一学习，学生可以在分析问题、寻求解法、据理证明、探讨结论等几方面获得相当的进步。因此，我们如果不标榜难题，不死填真理，只着眼在上述推理训练的几方面去学习，那么规、尺作图在中学的数学教育上还是有着相当大的价值的。

## 正规作图和近似作图

在前面举的许多作图的例子中，除了三等分任意角的几个方法不在初等几何学范围内，其余都是在几何公法的限制下作成，可以根据几何定理证明的。这些作图方法，统称作正规作图。

有时为了利用正规作图所需的步骤太烦琐，在实用上不妨采用比较简捷的方法，这样作出的结果，虽然不能用几何定理证明，事实上又不很正确，但因相差极微，已经足够供给实用，这就叫作近似作图。

如前述正五角星的作图题，原是已知外接圆的，现在把所设条件变换一下，改成如下的问题，列举正规和近似两种作图方法，以供同学们参考。

已知相邻两角顶的距离，求作正五角星。

正规作图　假定$AB$是已知距离，过$B$作$AB$的垂线，在这条垂线上取$F$点，使得$BF=AB$。取$AB$的中点$G$，以$G$做圆心，$GF$做半径画弧，交$AB$的延长线于$H$；拿$A$做圆心，$AH$做半径画弧；再拿$B$做圆心，$BA$做半径画弧，两弧相交于$C$。连$BC$，作$AB$和$BC$的两条垂直平分线，相交于$O$。拿$O$做圆心，$OA$做半径画一圆；拿$A$作圆心，$AB$做半径画弧，截圆于$E$；再拿$E$做圆心，同半径画弧，截圆于$D$。那么在$A$、$B$、$C$、$D$、$E$五点中，一点与每间一点的两点连一直线，所成的图形就是正五角星。

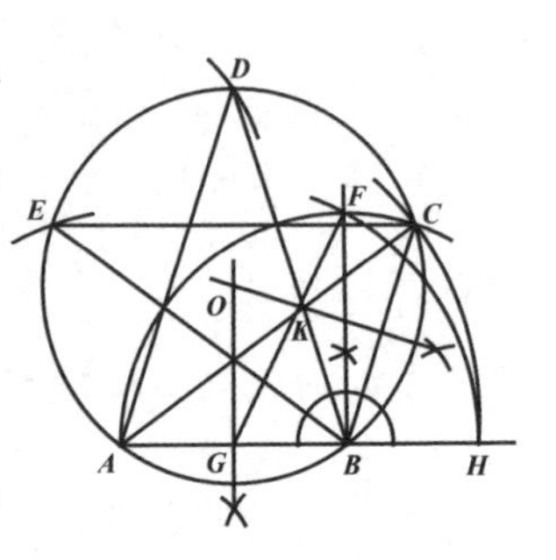


注　同学们如果还没有学到比例和相似形，下面的证明还不能看懂，可以暂且丢开，等到将来再研究。

证　在$AC$上取$K$点，使$KC=BH$（事实上$K$点就是$AC$和$BD$的交点，但这里可不必深究），连$KB$。

因　$\overline{BF}^2=\overline{GF}^2-\overline{GB}^2$（勾股定理），$BF=AB=BC$，代入前式，再分解因式，得

$$\overline{BC}^2=(GH+AG)\times(GH-GB)=AH\times BH=AC\times CK$$

化为比例式，得　$AC:BC=BC:CK$。

但在$\triangle ACB$和$\triangle BCK$中，$\angle ACB=\angle BCK$，所以$\triangle ACB\backsim\triangle BCK$（两个$\triangle$有一组角相等，且夹等角的边成比例，那么两个$\triangle$相似），有$\angle CBK=\angle BAC$（相似$\triangle$的对应角相

等）。

又因$AB=AK$（等量减等量，差相等），所以$\angle ABK=\angle AKB$，并且$\angle BCA=\angle BAC$（等腰△底角相等）。

于是从三角形的外角定理代入法，得

$\angle ABC=\angle ABK+\angle CBK=\angle AKB+\angle BCA=\angle BCA+\angle CBK+\angle BCA=3\angle BCA$

$\angle ABC+\angle BCA+\angle CAB=5\angle BCA$

再从三角形三内角的和是180°的定理，知道

$5\angle BCA=180°$，$\angle BCA=36°$，

$\angle ABC=3\times 36°=108°$。

以下的证明很啰唆，但理由又很简单，这里略述一些大意，同学们一定都会明白。

因$A$、$B$、$C$都在⊙$O$上，$\triangle OAB\cong\triangle OBC$，所以$\angle OBA=\angle OBC=54°$，$\angle OAB=\angle OBA=54°$，$\angle AOB=180°-2\times 54°=72°$。但是$BC=AE=ED=AB$，所以$\angle BOC=\angle AOE=\angle EOD=72°$。于是知道$\angle COD=360°-4\times 72°=72°$，$ABCDE$是正五边形，它的五条对角线所围成的是一个正五角星。

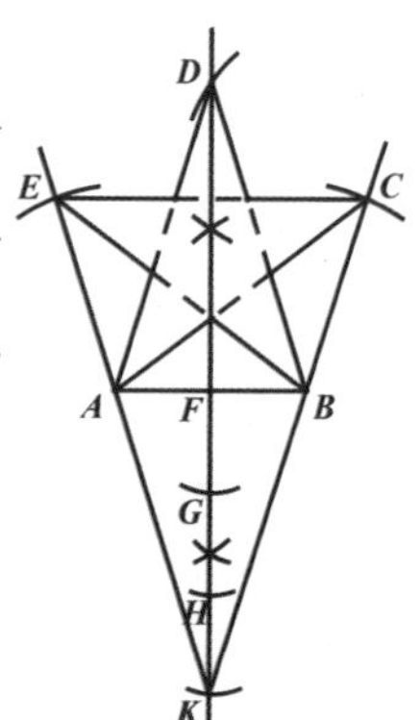


近似作图　作$AB$的垂直平分线，从垂足$F$起，在这线上连续取$FG$、$GH$、$HK$，

使各线段等于$BF$。连$KB$、$KA$，延长到$C$、$E$，使$BC=AE=AB$。拿$C$做圆心，$AB$做半径画弧，交$AB$的垂直平分线于$D$。再把$A$、$B$、$C$、$D$、$E$五点一间一连接就可以得到。

研究　因$FK:BF=3:1$，同学们学到“三角函数”以后，可以知道这一个比是$\angle FBK$的“正切”，利用“三角函数表”可以查出这一个角的度数是$71.56°_{+}$。于是知道$\angle ABC$的度数是$103.44°_{-}$，$ABCDE$不是一个正确的正五边形。

从上面举的两种作图方法来看，知道正规作图虽可用理论证明，但步骤太过烦琐；近似作图虽然步骤少，但不是很正确，两者是各有长短。那么究竟哪一种方法比较合用呢？这一个问题是很难回答的。就严格理论的立场来说，前者合用于“精打细算”的原则，结果来得比较完美。但须明白“合用”两字的意义是指求得的结果同实际情形相差在可以忽略的程度以内而言，原非绝对一致的。所以后者虽带有“粗枝大叶”的作风，并不在几何作图范围以内，但在无关大体，且在另一方面反为有利的情形下，也是很有实用价值的。

# 基本作图法

我们要想学会一种技术，往往先要把这几个基本方法练习纯熟，然后把它们连续使用，于是这一种技术就可以完全学会。譬如要想学做木工，一定要先学会锯木、削木、凿眼、刨平等的基本方法，熟练了这些以后，不论是做桌、椅、门、窗等的器物，还是做其他器物，都只是把这几个方法颠来倒去地使用，因此全部学会就不难了。

学习几何作图，也有许多基本方法必须先要学会。除了“二点间连一线段”“把一线段延长”“拿定点做圆心定长做半径画圆”这三种最为基本的，我们另行称作公法外，其他像“过一定点作一定直线的垂线”“取一线段的中点”等，都是在解作图题时必须拿来使用的，叫作基本作图法。

我们必须熟悉的基本作图法有很多，现在把它们整理一下，可以分成下列的四类：

〔Ⅰ〕关于直线形的

(1) 在定直线上取定长的线段。

(2) 在已知的一边上作一角等于已知角。

(3) 作一角的平分线。

(4) 作定线段的垂直平分线。

(5) 求一线段的中点。

(6) 过定点作一直线垂直于定直线。

(7) 过定点作一直线平行于定直线。

(8) 将一线段分为若干等分。

(9) 已知三边，两角一夹边，两边一夹角，两角一对边，或两边一对角，作三角形。

(10) 已知一边，作一正三角形或正方形。

(11) 已知两邻边，作一矩形。

(12) 拿已知射线做一边，作60° 或30° 的角。

〔Ⅱ〕关于圆的

(13) 作已知三角形的外接圆（就是过三个已知点作圆）。

(14) 作已知三角形的内切圆。

(15) 拿定线段做直径作圆。

(16) 平分一已知弧。

(17) 从圆上或圆外的一定点，作圆的切线。

(18) 拿定线段做弦，作一含已知角的弓形。

〔Ⅲ〕关于比例的

(19) 作三已知线段的比例第四项。

(20) 分定线段成二分，使它们的比等于已知比$m:n$。

(21) 作二已知线段的比例中项。

〔Ⅳ〕关于面积的

(22) 作一正方形，使其面积等于两个已知正方形面积的和。

(23) 作一正方形，使其面积等于两个已知正方形面积的差。

这些基本的作图方法，同学们学了之后，必须先把它们练习纯熟，才好进一步研究作图题的解法，否则好比学习外文，连字母都不认识，简直是无从学起的。

有了上述的各种基本作图法以后，在叙述一个问题的作法时，就可以尽量简约。譬如在本书开头一节中叙述正五角星的作法时，有一段说“拿$A$、$B$各做圆心……交圆于$D$”，可以改为“过$O$作$AB$的垂线，交圆于$D$”；另一段“拿$B$做圆心……交$BO$于$G$”，可以改为“取$BO$的中点$G$”，不是非常简便吗？

# 作图题解法的步骤

学习木工的人知道了锯、削、凿、刨等的基本方法以后，还须明了制造器物的步骤，像断料、制坯、敲合、紧榫、修光等，一步也不能颠倒混乱。解作图题也是这样，通常分六个步骤，写出下列的六项：

（1）假设：详细记出题中所设的条件。

（2）求作：说明题中要作的图必须具备上述各条件。

（3）解析：假定此图已经作出，先绘一草图，使它同所求的图大略相仿，必要时还须添绘有关系的线，仔细研究图中各已知条件和未知条件间的相互关系，借此决定所求的图应该用怎样的方法作出。

（4）作法：依次叙述作图的方法，但须注意没有几何公法或基本作图法可以根据的，绝对不能乱作。

（5）证明：证明用上述方法作出的图和题中所设的条件一一符合。

（6）讨论：就所设条件同图形间的关系加以探讨，说明在什么情形下无解，什么情形下有独解，什么情形下有多解或不定解。

下面举一个具体的例子：

〔范例1〕已知一边上的中线和高的长，又知另一边的长，求作三角形。

假设：一边上的中线的长是$m_a$，高是$h_a$，另一边的长是$B$。

求作：三角形。

解析 1.假定△$A'B'C'$是所求的三角形。

2.已知大小的有$A'C'=b$，$A'D'=h_a$，$\angle A'D'B'=\angle A'D'C'=90°$，$A'E'=m_a$。已知关系的有$B'E'=E'C'$。

3.仔细观察这图中的△$A'C'D'$和△$A'E'D'$各有已知的边、边、角三件，都可根据基本作图法作出。所以先作这两个三角形之一，就可继续作其他的部分。

作法 1.先作△$ACD$，使$\angle D=90°$，$AD=h_a$，$AC=B$（边、边、角）。

2.拿$A$做圆心，$m_a$做半径

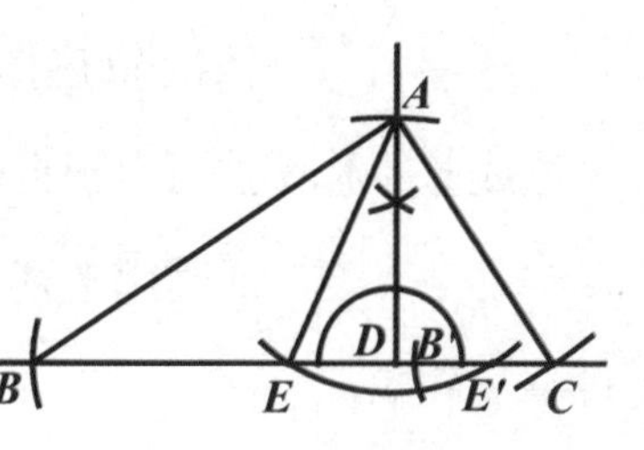

画弧，交$CD$或$CD$的延长线于$E$，连接$AE$。

3.在$CD$或其延长线上取$B$，使$EB=EC$，连$AB$。

4.那么$\triangle ABC$就是所求的三角形。

证

| 叙述 | 理由 |
|---|---|
| 1. $\because EB=EC$，$AE=m_A$。 | 1. 从作法3和2。 |
| 2. $\therefore$ $AE$是中线，且等于$m_a$。 | 2. 中线的定义。 |
| 3. 又$\because \angle ADC=90°$，$AD=h_a$。 | 3. 从作法1。 |
| 4. $\therefore$ $AD$是高，且等于$h_a$。 | 4. 高的定义。 |
| 5. 又 $AC=b$。 | 5. 同3。 |
| 6. $\therefore$ $\triangle ABC$是所求的$\triangle$。 | 6. 同题设条件完全符合。 |

讨论 假使$b<h_a$，或$m_a<h_a$，或$b=m_a=h_a$，那么都无解。假使$B>h_a$，且$m_a=h_a$，那么是一个等腰三角形；假使$b=h_a$，且$m_a>h_a$，那么是一个直角三角形，各有一解。假使$b>h_a$且$m_a>b$，或$b>h_a$且$m_a=b$，那么也有一解。假使$b>m_a>h_a$，那么有二解，如前图中拿$A$做圆心，$m_a$做半径所画的弧同$CD$有第二交点$E'$，在$CD$上取$E'B'=E'C$，那么$\triangle ABC$也是本题的解。

注意一 在习惯上，$\triangle ABC$的$\angle A$的对边的长用$a$表示，这边上的中线的长用$m_a$表示，高用$h_a$表示，以此类推。

注意二 初学的人在作图时须将所有应作的弧和线一一仔细画出，这样不但使图形正确，还能使各种基本作图法经多次练习而更加纯熟。

注意三 有基本作图法可以依据的，在叙述时虽可力求其简，但在图中仍宜依法画出各弧和各线。如上例作法的1，叙述很简单，但图中须把作△*ACD*的步骤表示出来，像作垂线的三弧，截得*A*点的一弧，截得*C*点的一弧即可。

注意四　作图题的证明，须就所作的图证明它与所设的条件一一符合，不可以有缺漏，像上例的证明，不但要证明*AE*、*AD*、*AC*的长顺次各等于$m_a$、$h_a$、$b$，还须证明*AE*是中线、*AD*是高。

解一个作图题，要经过上述的六个步骤，似乎太烦琐，那么能不能简略一些呢？其中的假设、求作和作法三步，不消说得其是绝对不能省的。讨论一项，因一题的有解、无解总可说明，也不宜省略。那么解析的一步能否省去呢？要说明这一点，可参阅下面的特殊例子：

假设：直角三角形*ABC*的斜边是*BC*。

求作：在*BC*上取一点*P*，使$\overline{AP}^2=\overline{BP}\times\overline{CP}$。

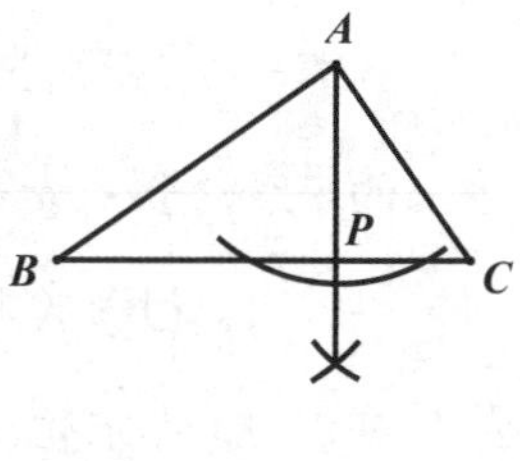

作法　从*A*作*BC*的垂线，那么垂足*P*就是所求的点。

证

| 叙述 | 理由 |
|---|---|
| 1. ∵*AP*是直角△斜边上的高 | 1. 从假设和作法 |
| 2. ∴ *BP*∶*AP*=*AP*∶*CP* | 2. 直角△斜边上的高是所分斜边的二分的比例中项 |

3. ∴ $\overline{AP}^2=\overline{BP}\times\overline{CP}$ | 3. 比例内项的积=比例外项的积

这样不经解析的步骤，虽然可解，但所得的解答不足；因为斜边的中点也是适合于所设条件的。现在把它重新解析如下：

解析 1.假定$P$是所求的点。

2.连接$AP$，延长交$\triangle ABC$的外接圆于$D$，那么$AP\times DP=BP\times CP$（相交于弦上的比例线段定理）。

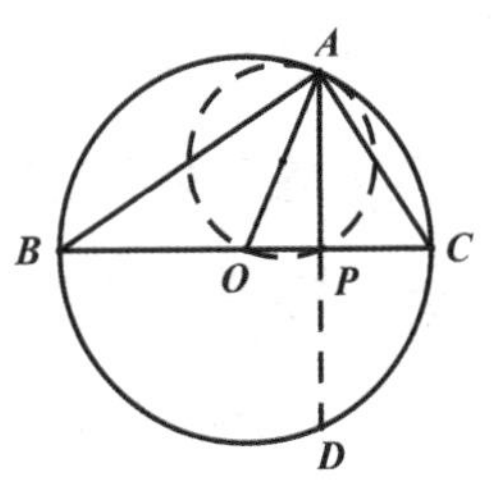


3.但从题设条件，知$\overline{AP}^2=\overline{BP}\times\overline{CP}$。

4.比较2和3，知道要适合题中的条件，必有$AP-DP$的关系。换句话说，凡在外接圆中过$A$的弦能被$BP$平分的，那么它们的交点就是所求的点。

5.假定外接圆的圆心是$O$，那么过$A$的许多弦的中点都在$AO$做直径的圆上（因过$A$的许多弦中点和$O$的连接线⊥该弦，直角△的直角顶在拿斜边做直径的圆上）。但拿$AO$做直径的圆同$BC$有两个交点，一个是$O$，一个是从$A$所引$BC$的垂线足$P$，所以这两点都是所求的解答。假使遇到特殊情形，$\triangle ABC$是等腰直角三角形，那么$P$合于$O$，就只有一个解。

从此可见如果省去解析，那么所得的解答有时会不完整。

省去证明的一个步骤可以吗?下面再来举例说明:

假设: 有一弓形, 拿$AB$做弦。

求作: 这弓形弧所在圆的圆心。

解析 1.假定所求的圆心$O$已经求到。

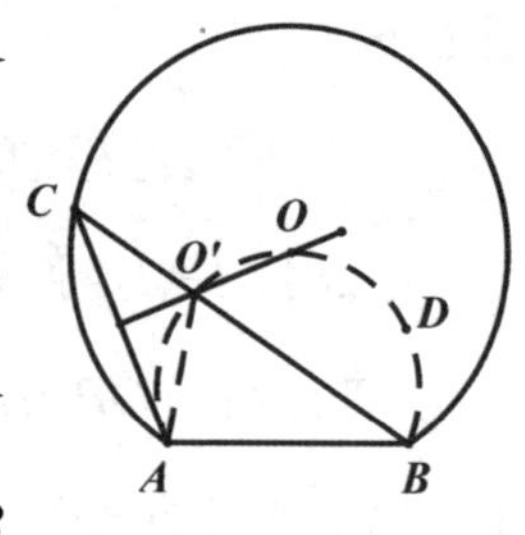


2.在弓形弧上任取一点$C$, 因圆心角是同弧所对的圆周角的二倍, 所以拿$AB$做弦, 在弓形内作含角等于$2\angle ACB$的另一弓形弧$ADB$, 那么$O$点一定在这弓形弧上。

3.又因圆心$O$在弦$AC$的垂直平分线上, 所以$O$是弧$ADB$同$AC$的垂直平分线的交点。

4.因为这样的交点有$O$和$O'$两个, 所以所求的圆心有$O$和$O'$两个。

在这个问题上, 单凭解析而不加证明, 得到了不合理的结果, 因为弓形弧的中心只有一个, 这是大家都知道的。可见省去了证明的步骤, 有时会增出不应有的解答。

综上所述, 我们可以知道作图题解法的六个步骤是完全不能省的。但是我们为节省篇幅起见, 只把解析的一个步骤作为思考的过程, 借以提示解法, 不一定要详细写出。在特殊的解析法(像代数解析法等)中, 因证明同解析相比，除次序颠倒外，没有什么两样，通常为便利起见，只写解析，略去证明过程，详见下面的一章。

## 作图题解析法总说

要作成一个图形，绝不是像印刷一样，可以一下就印出来，所以在作图之前，必须先通盘筹划，研究这个图形中的哪一条线应该先画，哪一条线应该后画；哪一个点的位置应该先决定，哪一个点的位置应该后决定。这些问题如果在事先没有很好的计划和准备，那么在作图时一定会手忙脚乱，到处碰壁。作图题的解析就需要事先准备，经过了这个步骤，对于问题应该用什么方法解决，应该依怎样的顺序，都已经成竹在胸、了如指掌，动手时就能一丝不乱，逐步把任务完成。这一工作就如同工程师在建筑某项工程前拟具一个精密的设计一样，是在作图的整个解法中最紧要的部分。

作图题的解析虽没有普遍适用的定则，但是下面所举的法则可以应用到多数的作图题中：

第一步　先画一个草图，使它同所求的图相仿，这图虽然不很正确，但极有用处。借这个草图可以明白各线和各点的位置，以及它们相互间的关系。譬如某两条线是相等或垂直的，某些点是共线或共圆的，这些关系都难于凭空构想，必须有草图才能一目了然。另外，我们在正式作图的时候还可以拿草图来作参考，因为一面作正式的图，一面参阅草图，能随时知道哪些线还没有作好，在这些线中又应该把哪一条先作出来。

第二步　画了一个草图以后，应该识别其中的已知条件和未知条件。所有的已知条件或已知关系应该用特别的记号标明，或用彩色描绘。这样一来，我们在草图上一看就知道哪几条线是限定长短的，哪几个角是限定大小的，哪两条线或两个角是有相等关系的。这种已知长短的线或已知大小的角应设法先作，已知相等的两条线或两个角，能先作出二者之一，接着就可作另一线或另一角。

譬如前举〔范例1〕所画的草图，有三条已知长短的线，分别描粗或着色，旁边还注明已知的长短$m_a$、$h_a$和$b$；两个已知是90°的角，分别标一小方形的记号，又有已知相等关系的二线$B'E'$和$E'C'$，各在正中附一短划表示。

第三步　细察草图中是否有某一部分可以先行作出（这一部分通常是一个三角形），假使有，可以先把它作出来。这一部分的图往往是全图的基础，好比缝制衣服，必先把前胸和后背制好一样，有了这个基础，才好继续作出其他部分。

譬如在〔范例1〕的草图中标明记号后，一看就知道有一$\triangle A'C'D'$可以先作，于是正式作$\triangle ACD$，做全图的基础。

第四步 在已有的基础上继续决定图形的其他部分，好比缝纫工在已成的身段上添制袖子、衣领、袋子、纽扣等一样。

譬如在〔范例1〕作了$\triangle ACD$以后，因为$E$点一定在$CD$或$CD$的延长线上，并且同$A$的距离等于已知长$m_a$，所以可拿$A$做圆心，$m_a$做半径画弧，同$CD$或$CD$的延长线相交而得。又因$B$点也在$CD$或$CD$的延长线上，并且同$E$的距离等于已经作成的$EB$，所以仿上法画弧，也很容易求到。

有许多作图题还不像上述的那样简单，在解析时必须添加辅助线，才能显出各已知条件和未知条件间的关系，尤其是当已知两线段的和或差时，在解析中应该作出这样的和或差。

〔范例2〕已知底边同一腰的和，又知一底角，求作等腰三角形。

假设：底边$a$同腰$b$的和的长是$a+b$，一底角的大小是$\beta$。

求作：等腰三角形。

解析　1.假定$\triangle A'B'C'$是所求的$\triangle$。

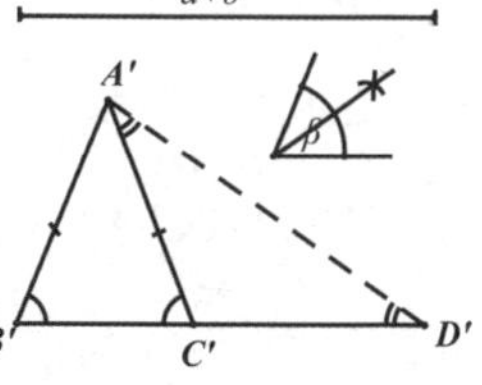


2.已知大小的有$\angle B'=\beta$，已知关系的有$A'B'=A'C'$及$\angle B'=\angle C'$。从已知的关系虽可推知其他两角的大小，就是$\angle C'=\beta$，$\angle A'=180^\circ-2\beta$，但因没有已知长的边，所以这个三角形无法作出。

3.假使要作出已知的底同一腰的和，可延长$B'C'$到$D'$，使$C'D'=A'C'$，那么$B'D'=a+b$，$\angle D'=\frac{1}{2}\angle C'=\frac{1}{2}\beta$都是已知条件，于是$\triangle A'B'C'$可以作出。用这个三角形做基础，可以再作图的其他各部分。

作法　1.先作$\triangle ABD$，使$\angle B=\beta$，$BD=a+b$，$\angle D=\frac{1}{2}\beta$（角、边、角）。

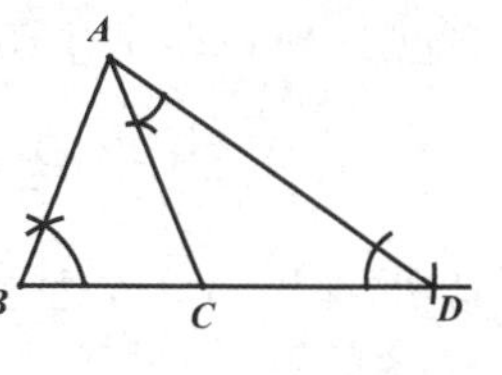


2.作$AC$，使$\angle DAC=\frac{1}{2}\beta$，交$BD$于$C$。

3.那么$\triangle ABC$就是所求的三角形。

证

| 叙述 | 理由 |
|---|---|
| 1. $\because \angle D=\frac{1}{2}\beta, \angle DAC=\frac{1}{2}\beta$ | 1. 见作法1、2 |
| 2. $\therefore\ \angle D=\angle DAC$ | 2. 等于同量的角相等 |
| 3. $AC=CD$ | 3. $\triangle$等角对等边 |
| 4. $\therefore BC+AC=BC=CD$<br>$=BD=a+b$ | 4. 从3和作法1代入 |

| | | |
|---|---|---|
| 5. 又 $\angle ACB=\angle D+\angle DAC$<br>$=\frac{1}{2}\beta+\frac{1}{2}\beta=\beta$ | 5. | △的外角等于不相邻的两内角和，又用1代入。 |
| 6. $\angle B=\beta$ | 6. | 见作法1 |
| 7. ∴ $\angle B=\angle ACB$ | 7. | 同2 |
| 8. $AB=AC$ | 8. | 同3 |

讨论 $\beta\geqslant90°$ 时无解，否则总有一解。

又有许多作图题，无法觅得这样的基础，不得不用特殊的解析法来处理。这种特殊的解析法很多，像“轨迹法”“移位法”“相似法”“逆作法”以及“代数解析”等，这些都是研究几何作图的人所应该熟悉的。我们在下一章就把这些方法提出来详细讨论。

# 二　作图法分论

# 三角形奠基法

最普通的作图题解析法，在上章已经讲过，就是先作全图的一部分（一个三角形），用它来奠定全图的基础，然后继续作出其他各部分。这样的作图法叫作三角形奠基法。前面举的〔范例1〕和〔范例2〕就是。

考察草图中所含的许多三角形，假使有某一三角形已知边、边、边，角、边、角，边、角、边，角、角、边，边、边、角，五种中任何一种里面的三个条件，一般可以用三角形奠基法来解。假使图中没有这样的三角形，但是添加适当的辅助线后就能产生，那么也可以应用这种方法。

因为三角形奠基法是应用最广的，所以在这里重新提出，并且在下面再举几个例子：

〔范例3〕已知斜边的长，又知两直角的差的长，求作直角三角形。

假设：斜边的长是$c$，两直角边的差是$a-b$。

求作: 直角三角形。

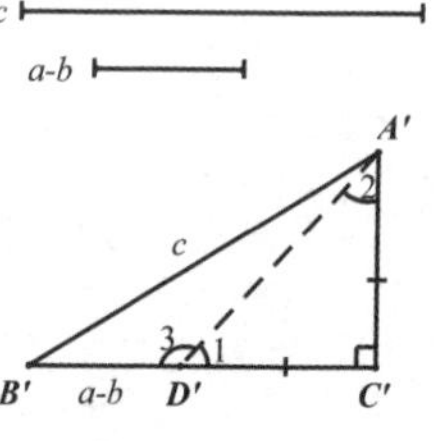


解析　1.假定△$A'B'C'$是所求的三角形。

2.在这个三角形中，除已知$A'B'=c$，$\angle C=90°$外，其他的边和角的大小都不知道，所以没有方法可作。

3.因为题中有已知的两直角边的差$A-B$，所以应该在$B'C'=a$上取$D'C'-A'C'=b$，形成等于已知差的$B'D'$。

4.因$\angle 1=\angle 2=\frac{1}{2}(180°-90°)=45°$，所以$\angle 3=180°-\angle 1=135°$。

5.在△$A'B'D'$中，有已知的两边一对角，可以先作出来（边、边、角），然后再作其他的部分。

作法　1.先作△$ABD$，使$AB=c$，$BD=a-b$，$\angle ADB=135°$（135°角的作法是在任意线上作一垂线，再平分两相邻直角中的一角）。

2.从$A$作$BD$的垂线，交$BD$的延长线于$C$。

3.那么△$ABC$就是所求的三角形。

证

| 叙述 | 理由 |
| --- | --- |
| 1. ∵ $\angle ADB=135°$ | 1. 见作法1 |

| | |
|---|---|
| 2. ∴ $\angle ADC=45°$ | 2. 因$\angle ADB$、$\angle ADC$相补 |
| 3. ∵ $\angle ACD=90°$ | 3. 从作法2垂线夹直角 |
| 4. ∴ $\angle CAD=45°$ | 4. $\triangle ACD$三角的和是180° |
| 5. $\angle ADC=\angle CAD$ | 5. 都等于45° |
| 6. $AC=DC$ | 6. △等角对等边 |
| 7. ∴ $BC-AC=BC-DC$ $=BD=a-b$ | 7. 把6代入，再根据作法1 |
| 8. 又 $AB=c$ | 8. 见作法1 |

讨论 $c\leqslant a-b$时没有解，否则常有一解。

注意 读者在实际解题时，草图可画在草稿纸上，解析只算是推理的过程，不必正式记叙，可以节省一些时间。

〔范例4〕已知两边上的中线的长和第三边上的高，求作三角形。

假设：两边上的中线的长是$m_z$、$m_b$，第三边上的高是$h_a$。

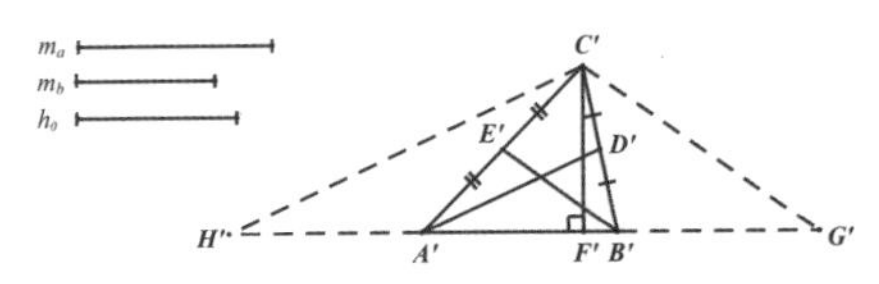


求作：三角形。

解析 1.假定$\triangle A'B'C'$是所求的三角形，$A'D'$、$B'E'$是$a$、$b$两条边上的中线，$C'F'$是$c$边上的高。

2.已知大小的是$A'D'=m_a$，$B'E'=m_b$，$C'F'=h_c$，$\angle A'F'C'=90°$；已知关系的是$B'D'=D'C'$，$A'E'=E'C'$。

3.细察图中的各三角形，所有的边和角中都没有已知的三个条件，所以应添辅助线。假使把$A'B'$向两方延长，使$H'A'=A'B'=B'G'$，连$H'C'$、$G'C'$，那么从三角形的中位线定理，知$C'H'=2A'D'=2m_a$，$C'G'=2B'E'=2m_b$，于是$\triangle C'F'H'$和$C'F'G'$都有已知的边、边、角，便可作图。

4.作好$\triangle C'F'H'$和$\triangle C'F'G'$后，因$H'F'G'$是一直线，三等分就得$A'$和$B'$两点。

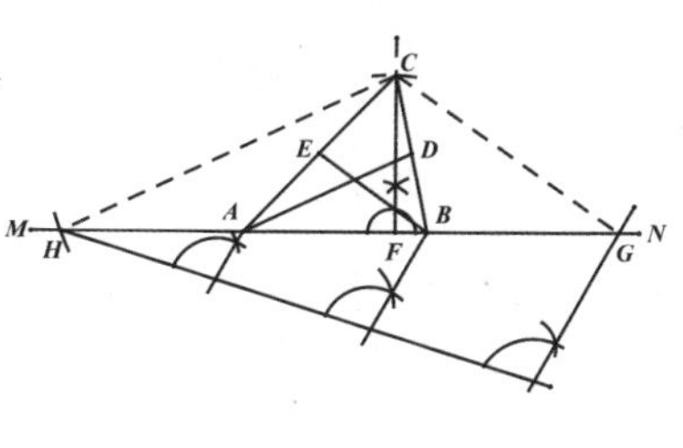


作法 1.作$\triangle CFH$和$\triangle CFG$，使$CF\perp HG$，$CF=h_c$，$CH=2m_a$，$CG=2m_b$（边、边、角）。

2.在$HG$上取$A$和$B$两点，分$HG$成三等分。

3.连$AC$、$BC$，那么$\triangle ABC$就是所求的三角形。

证

| 叙述 | 理由 |
| --- | --- |
| 1. 作$\triangle ABC$的中线$AD$、$DE$ | 1. 取$BC$、$AC$的中点，同$A$、$B$连接 |
| 2. 那么$AD=\frac{1}{2}CH=m_a$，$BE=\frac{1}{2}CG=m_b$ | 2. $\triangle$的中位线定理，再根据作法1代入 |
| 3. 又$CF\perp AB, CF=h_c$ | 3. 见作法1 |

讨论 假使$m_a<\frac{1}{2}h_c$，或$m_b<\frac{1}{2}h_c$或$m_a=m_b=\frac{1}{2}h_c$，那么无解。假使$m_a>\frac{1}{2}h_c$，且$m_b=\frac{1}{2}h_c$，或$m_a=\frac{1}{2}h_c$或$m_b>\frac{1}{2}h_c$，那么有一解。否则一定有两解，就是除图示一种外，使交点$G$和$H$在$CF$的同侧，又可得一钝角三角形，也是本题的解法。

注意一 一题有两解或两解以上时，只须在讨论中叙明，不必在图中一一画出，节省时间。

注意二　已知三角形中线的作图题，作出另一三角形，使这条中线成为这个三角形的中位线，是常用的方法。

〔范例5〕已知一边，两对角线的和，又知两对角线的夹角，求作平行四边形。

假设：一边的长是$b$，两对角线的和是$l$，两对角线的夹角是$\angle a$。

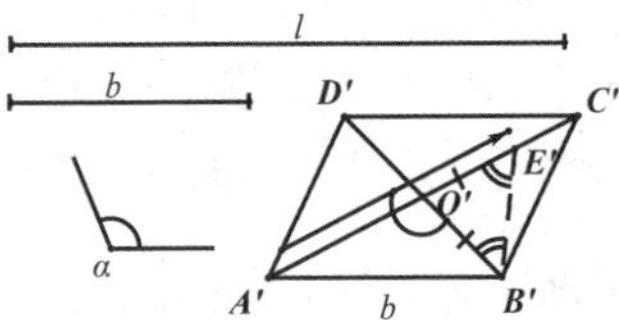


求作：平行四边形。

解析　1.假定▱$A'B'C'D'$是所求的平行四边形，两对角线交于$O'$，$A'B'=b$，$A'C'+B'D'=l$，$\angle A'O'B'=\angle a$。

2.因$A'O'=\frac{1}{2}A'C'$，$B'O'=\frac{1}{2}B'D'$，所以$A'O'+B'O'=\frac{1}{2}l$。

3.如果在$O'C'$上取$O'E'=O'B'$，那么$A'E'=\frac{1}{2}l$，而$\angle O'E'B'=\angle O'B'E'=\frac{1}{2}\angle A'O'B'=\frac{1}{2}\angle a$，所以$\triangle A'B'E'$中有已知两边和一个对角，可以先作。

4.作好$\triangle A'B'E'$后，可定$O'$点，延长$A'O'$和$B'O'$，使各加倍，就得$C'$点和$D'$点。

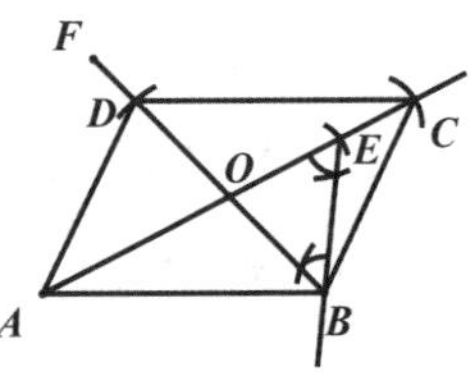


作法　1.作$\triangle ABE$，使$AE=\frac{1}{2}l$，$\angle AEB=\frac{1}{2}\angle a$，$AB=b$（边、边、角）。

2.作$BF$，使$\angle EBF=\frac{1}{2}\angle a$，交$AE$于$O$点。

3.在$OF$上取$D$点，使$OD=BO$，在$AE$的延长线上取$C$点，使$OC=AO$，连$AD$、$DC$、$CB$，则四边形$ABCD$就是所求的▱。

证

| 叙述 | 理由 |
|---|---|
| 1. $\because OE=OB$，$\therefore AO+OB=AO+OE=AE=\frac{1}{2}l$ | 1. 由作法1，2，△等角对等边，代入 |
| 2. $OC+OD=OA+OB=\frac{1}{2}l$ | 2. 由作法3代入 |
| 3. $\therefore\ AC+BD=l$ | 3. 由1，2相加 |
| 4. 又$ABCD$是▱，$AB=b$ | 4. 因对角线互相平分，又作法1 |
| 5. $\angle AOB=\angle AEB+\angle EBF=\angle a$ | 5. △外角定理，又作法1、2 |

讨论　$b\geqslant\frac{1}{2}l$时没有解。又假使$b<\frac{1}{2}l$，那么在作法1中，作好$AE$和$\angle AEB$后，拿$A$做圆心，$b$为半径所作的圆，和$EB$有时不相遇，有时相遇于一点或相交于两点，从而本题有时没有解，有时有一解或两解。

〔范例6〕已知一角和这角一边上的高，又知周长，求作三角形。

假设：$\angle B$的大小是$\beta$，这个角一边上的高是$h_a$，周长是$a+b+c$。

求作：三角形。

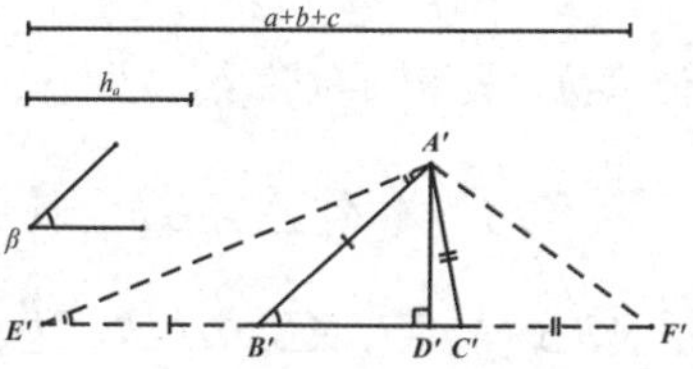

解析　1.假定所求的三角形是$A'B'C'$，高$A'D'=h_a$，$\angle B'=\beta$，向两端延长$B'C'$，使$B'E'=A'B'$，$C'F'=A'C'$，有$E'F'=a+b+c$。

2.因$\angle B'E'A'=\angle B'A'E'=\frac{1}{2}\angle B'=\frac{1}{2}\beta$，所以在直角三角形$A'E'D'$中已知一锐角和一直角边，可以作图。

3.作好$\triangle A'E'D'$后，延长$E'D'$到$F'$，使$E'F'=a+b+c$，就可利用作等角的基本作图法，求得$B'$和$C'$两点。

作法和证明从略，读者试着自己补足。

讨论　用$a+b+c$做斜边，$\frac{1}{2}\beta$做一锐角作直角$\triangle$，$h_a$小于斜边上的高时有一解，否则没有解。

## 研究题一

求作三角形，已知

（1）角$B$的大小是$\beta$，另一角$A$的平分线的长是$t_a$，$\angle A$对边上的高是$h_a$。

（2）角$A$的大小是$\alpha$，一邻边上的中线的长是$m_b$，另一邻边上的高是$h_c$。

（3）角$A$的大小是$\alpha$，两邻边的和是$b+c$，一邻边上的高是$h_c$。

（4）角$A$和角$B$的大小是$\alpha$和$\beta$，其中$\angle B$的对边同夹边的差是$c-b$。

（5）一角$C$的大小是$\gamma$，这角的平分线的长是$t_c$，内切圆半径是$r$。

（6）一边的长是$b$，另一边上的高是$h_a$，外接圆的半径是$R$。

（7）底边的长，另两边的差，这两边中小边的对角或大边的对角。

（8）已知斜边同一直角边的差，又知另一直角边，求作直角三角形。

（9）已知斜边同一直角边的和，又知一锐角，求作直角三角形。

（10）已知一边、一角，又知过这角顶的对角线，求作平行四边形。

（11）已知高，又知两对角线的长，求作平行四边形。

（12）已知两对角线的和，又知一对角线同它的邻边的夹角，求作菱形。

（13）已知高，一底，又知两对角线，求作梯形。

# 轨迹相交法

在第一部分的“作图的不定和无解”中，曾经谈到距已知的两点$A$和$B$等远的点，多到无穷，但都在$A$、$B$连线的垂直平分线上。这一条$AB$的垂直平分线，好像是无穷个适合同一条件的点排列而成的一条轨道，因此可称作是距$A$、$B$两点等远的点的轨迹。同学们在教科书中一定学到了许多关于轨迹的定理，像“角的平分线是距这个角的两边等远的点的轨迹”等。这些定理在几何作图上都很有用途。

要说明在作图上怎样利用轨迹，这里先打一个比方：譬如你要租赁一所房屋，有一个条件，就是必须要在水上交通便利的地方，那么你一定要沿着河边去找。如果换一个条件，你是要求陆上交通便利，那么就要沿着公路去找。如果你既须水上交通便利，又须陆上交通便利，要同时合于两个条件，那么除掉在河道和公路交叉地点的房屋，就再也没有更适合的了。

多数作图题和上面举的例子类似，必须求出适合所设条件的点。所设条件通常有两个，我们可就每一个条件，分别作出相应的轨迹。因为在第一条轨迹上的点适合第一个条件，在第二条轨迹上的点适合第二个条件，所以两条轨迹的交点一定同时适合于两个条件，这就是所求的点。这种利用两条轨迹相交的作图方法，叫作轨迹相交法，简称轨迹法。

例如：欲求一点，使距已知两点$A$和$B$等远，又距$\angle XOY$的两边等远，求法如下。

先作$A$、$B$连接线的垂直平分线$CD$，再作$\angle XOY$的平分线$OE$，两线相交于$P$。因$P$在$CD$上，根据轨迹定理，知道一定距$A$、$B$等远；又因$P$在$OE$上，再从轨迹定理知道一定距$OX$、$OY$等远，所以$P$点就是所求的点。

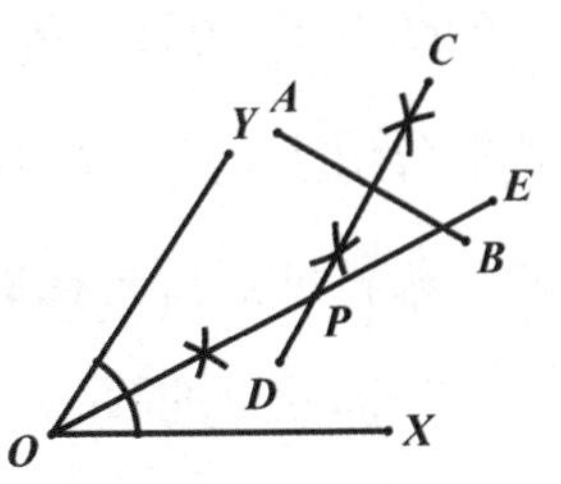


我们在作图上必须应用的轨迹定理，连上述的一共有九条，现在列举于下：

(1)距定点等于定长的点的轨迹，是拿定点做圆心，定长做半径的圆。

这一条轨迹定理在作图上用得最多，总计有后面的三种用途：$a$.求同已知点距离等于已知长的点。$b$.求已知半径且过一已知点的圆的圆心。$c$.求已知半径且切于已知圆的圆心。如

〔范例8〕的第二轨迹等。

（2）距定直线等于定长的点的轨迹，是在定直线的两侧，同这条直线的距离是定长的两条平行线。

这定理在作图上的用途有三种：*a*.求同已知直线的距离等于已知长的点。*b*.求已知底边和高的三角形的顶角顶点。*c*.求已知半径且切于已知直线的圆的圆心。如〔范例7〕的第一轨迹等。

（3）距两定点等远的点的轨迹，是这两定点的连线的垂直平分线。

这定理在作图上的应用是：*a*.求距两已知点等远的点。*b*.求过两已知点的圆的圆心。*c*.求已知底边的等腰三角形的顶角顶点。如〔范例10〕的第二轨迹等。

（4）距相交的两条定直线等远的点的轨迹，是这两直线的交角的两条平分线。

用途是：*a*.求距相交的两已知直线等远的点。*b*.求切于相交的两已知直线的圆的圆心。如〔范例9〕的第二轨迹等。

（5）距平行的两条定直线等远的点的轨迹，是在这两直线正中的（就是过这两直线的公垂线的中点的）一条平行线。

用途是：*a*.求距两已知平行线等远的点。*b*.求切于两已知平行线的圆的圆心。因为应用很少，所以没有举例。

(6) 假使一直角的两边通过两定点，那么它的顶点的轨迹是拿两定点的连接线做直径的圆。

用途是：$a$.求已知斜边的直角三角形的直角顶点。$b$.求在已知底边的三角形中另两边上的高的垂足。如〔范例8〕的第一轨迹等。

(7) 假使一角的大小一定，两边通过两定点，那么它的顶点的轨迹是拿两定点的连线做弦，而包含这角的弓形弧。

用途是：求底边固定且已知顶角大小的三角形的顶角顶点。如〔范例7〕的第二轨迹等。

(8) 切于定直线上一定点的圆的圆心的轨迹，是在这直线上过这点的垂线。

用途是：求切于已知直线上的一个已知点的圆的圆心，如〔范例10〕的第一轨迹等。

(9) 切于定圆上一定点的圆的圆心的轨迹，是通过定圆的圆心和这定点的一直线。

用途是：求切于已知圆上的一个已知点的圆的圆心。如范例9的第一轨迹等。

〔范例7〕已知底边的长，顶角的大小，底边的高，求作三角形。

假设：底边是$a$，顶角$A$的大小是$\alpha$，底边的高是$h_a$。

求作：三角形。

解析 1.假定$\triangle A'B'C'$是所求的三角形。

2.已知$B'C'=a$，$\angle B'A'C'=\alpha$，$A'D'=h_a$，$\angle A'D'B'=90°$。

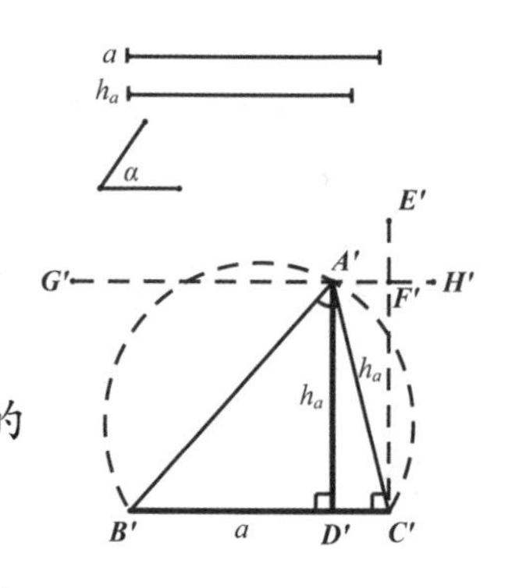


3.定长的底边$B'C'$可以先作，就是先确定$B'$和$C'$两点。

4.因为$A'$点距定直线$B'C'$的定长为$h_a$，所以它的轨迹是距$B'C'$等于$h_a$的平行线$G'H'$（第一轨迹）。

5.又因$\angle A'$的大小一定，两边通过两定点$B'$、$C'$，所以它的轨迹是拿$B'C'$做弦而含$\alpha$角的弓形弧（第二轨迹）。

6.从上述的两个轨迹，可相交而得$A'$点。

作法 1.在任意直线上取$BC=a$。

2.从$C$作$CE\perp BC$，在$CE$上取$CF=h_a$，过$F$作$GH/\!/BC$。

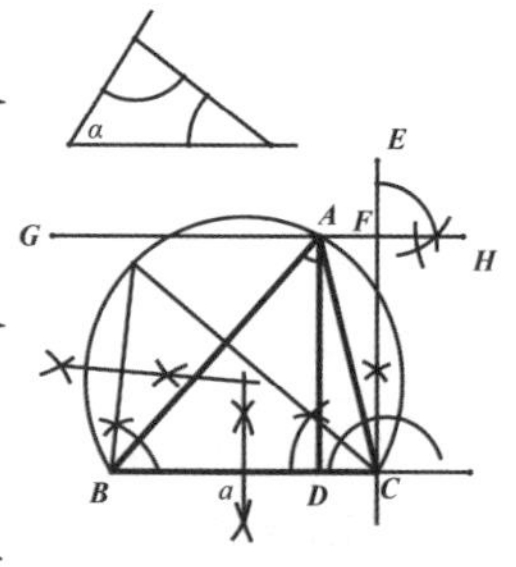


3.拿$BC$做弦作一弓形弧，使它所含的弓形角等于$\alpha$，交$GH$于$A$。

4.连$AB$、$AC$，那么$\triangle ABC$就是所求的三角形。

证

| 叙述 | 理由 |
| --- | --- |
| 1. 从$A$作$AD\perp BC$ | 1. 作垂线法 |
| 2. 那么 $AD=FC$ | 2. //线处处等距离 |
| 3. 但 $FC=h_a$ | 3. 见作法2 |
| 4. ∴ $AD=h_a$ | 4. 代入 |
| 5. 又 $BC=a$ | 5. 见作法1 |
| 6. $\angle A=\alpha$ | 6. 见作法3 |

讨论 $GH$和弓形弧虽然可以有两个交点，但因各交点和$B$、$C$连成的两个三角形全等，所以只能算作一解。假使$GH$切于弓形弧，所得的是一个等腰三角形，不相遇时就没有解。

注意 作弓形弧的基本作图法是很麻烦的，但又很重要，上面的图中已把应作的线完全画出来，读者应特别留意。

〔范例8〕已知一角，对边上的高和另一边上的高，求作三角形。

假设：一角$B$的大小是$\beta$，对边上的高为$h_b$，另一边的高是$h_a$。

求作：三角形。

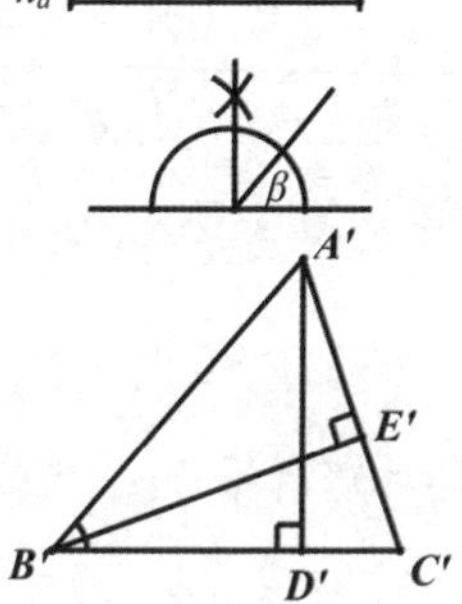


解析 1.假定$\triangle A'B'C'$是所求的$\triangle$。

2.已知$\angle B'=\beta$, $B'E'=h_b$, $A'D'=h_a$, $\angle B'E'A'=90°$, $\angle A'D'B'=90°$。

3.在$\triangle A'B'D'$中已知角、角、边，可以先作。

4.$\triangle A'B'D'$作成，$A'B'$就可以确定，于是$E'$成为已知斜边的直角三角形的直角顶点，它的轨迹是拿$A'B'$做直径的圆（第一轨迹）。

5.因$E'$同已知点$B'$的距离是已知长$h_b$，所以它的轨迹是拿$B'$做圆心，$h_b$做半径的圆（第二轨迹）。

6.从上述的两个轨迹可以确定$E'$点，延长$B'D'$和$A'E'$，可相交而得$C'$。

作法 1.先作$\triangle ABD$，使$\angle D=90°$，$\angle B=\beta$，$AD=h_a$（角、角、边）。

2.拿$AB$做直径作圆。

3.拿$B$做圆心，$h_b$作半径画弧，交前圆于$E$。

4.连$AE$，延长交$BD$的延长线于$C$。

5.那么$\triangle ABC$就是所求的三角形。

证 除由“半圆内的弓形角是直角”可证$\angle AEB=90°$外，其余都见作法中（$\angle B=\beta$，$\angle ADB=90°$，$AD=h_a$，$BE=h_b$，作法中都有，证明方法此处省略）。

讨论 作$\triangle ABD$后，假使$h_b>AB$就无解，否则有两解，除图示的一解外，拿$B$做圆心，$h_b$做半径所画的弧同前圆还有第二交点$E'$，所以另有一钝角三角形，也是本题的答案。但如果$\beta$是钝角，那么$h_b=AB$或$h_b \leq h_a$时都只有一解。

〔范例9〕求作一圆，切于已知圆上的一已知点，且切于一已知直线。

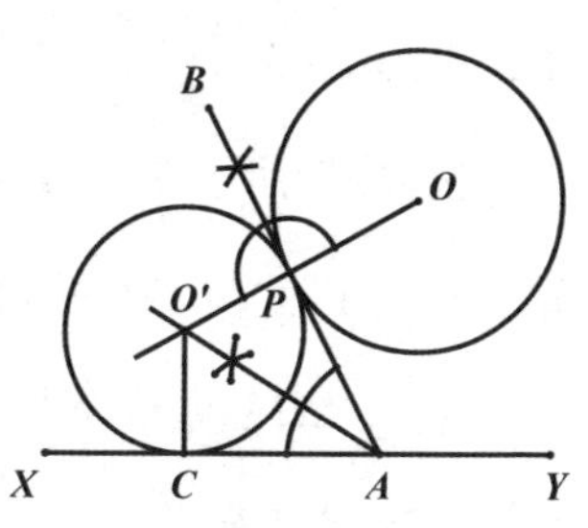


假设：圆$O$上有一点$P$，另有一直线$XY$。

求作：一圆，切⊙$O$于$P$，且切于$XY$。

解析 1.因所求的圆须切⊙$O$于$P$，所以它的圆心一定在过$O$、$P$两点的一直线上（第一轨迹）。

2.因所求的圆和⊙$O$有一过$P$的公切线$AB$，所求的圆须同时切于$XY$和$AB$两直线，所以它的圆心一定在$XY$和$AB$的交角平分线上（第二轨迹）。

作法 1.连$OP$，延长。

2.过$P$作⊙$O$的切线$AB$，交$XY$于$A$。

3.作$\angle BAX$的平分线，交$OP$的延长线于$O'$。

4.拿$O'$做圆心，$O'P$做半径画圆，就是所求的圆。

证

| 叙述 | 理由 |
|---|---|
| 1. 作 $O'C \perp XY$ | 1. 作垂线法 |
| 2. ∵ $O'C=O'P$ | 2. 角的平分线上的点距两边等远 |

| | |
|---|---|
| 3. ∴ $\odot O'$ 切于$XY$ | 3. 圆心同直线的距离等于半径，那么圆同直线相切 |
| 4. 又 $\odot O'$ 切$\odot O$于$P$ | 4. 两圆的相遇点在连心线上，那么两圆相切 |

讨论　因$AB$同$XY$有两个交角，除图示一角外，又可作$\angle BAY$的平分线，交$PO$的延长线于一点，拿这点做圆心又可作一圆切于$XY$，并且同$\odot O$内切，所以有两个解，但$OP\perp XY$时只有一个解。

〔范例10〕求作一圆，切于一已知直线上的一已知点，且切于一已知圆。

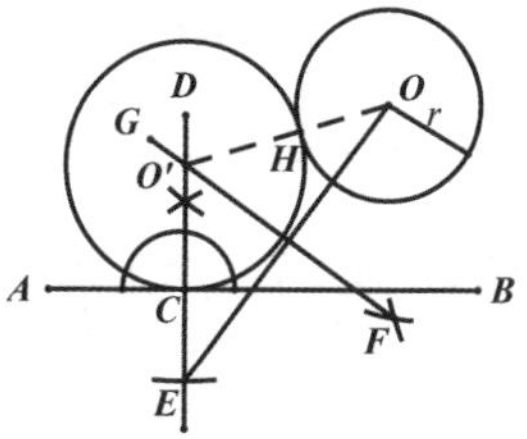

假设：直线$AB$上有一点$C$，另有一圆$O$。

求作：一圆，切$AB$于$C$，且切于$\odot O$。

解析　1.因所求的圆须切$AB$于$C$，所以它的圆心一定在过$C$而垂直于$AB$的$CD$线上（第一轨迹）。

2.又因所求的圆须切于$\odot O$，所以它的圆心距$O$一定等于二者半径的和。假使延长$DC$到$E$，使$CE$等于$\odot O$的半径$r$，那么所求圆的圆心一定距$O$、$E$等远，它的轨迹是$OE$的垂直平分线（第二轨迹）。

作法　1.过$C$作$CD\perp AB$。

2.作⊙$O$的任意半径$r$，在$DC$的延长线上取$CE=r$。

3.连$OE$，作$OE$的垂直平分线$FG$，交$CD$于$O'$ 。

4.拿$O'$ 做圆心，$O' C$做半径的圆，就是所求的圆。

证

| 叙述 | 理由 |
| --- | --- |
| 1. 连$OO'$ | 1. 公法 |
| 2. 那么$OO' =O' E=O' C+CE$ $=O' C+r$ | 2. 线段的垂直平分线上的点，距两端等远 |
| 3. ∴ ⊙$O'$ 切于⊙ | 3. 两圆的圆心距离等于两圆半径的和，那么两圆相切 |
| 4. 又 ⊙$O'$ 切$AB$于$C$ | 4. 直线⊥半径外端，和圆相切 |

讨论　因所求圆的圆心距$O$也可等于两个圆半径的差，所以$E$也可取在$CD$线上，于是可再作一圆，切$AB$于$C$，且和⊙$O$内切，所以本题常有二解。

〔范例11〕从已知圆上的两个已知点，求作两平行弦，使这两个弦的和等于已知长。

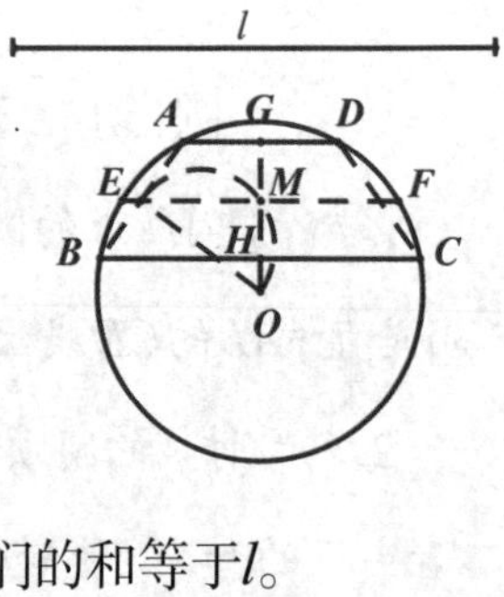

假设：$O$圆周上有两已知点$A$和$B$，又已知长度$l$。

求作：过$A$和$B$的两平行弦，使它们的和等于$l$。

解析　1.假定$AD$和$BC$是所求的两平行弦，那么$ABCD$是等腰梯形。

2.作它的中线$EF$，那么$AD//EF//BC$，$EF=\frac{1}{2}(AD+BC)$

$=\frac{1}{2}l$。

3.从$O$作$EF$的垂线$OM$，那么$M$一定是$EF$的中点，故$EM=\frac{1}{4}l$。

4.因为$E$和$O$都是定点，$\angle EMO=90°$，且$M$和$E$的距离是定长，所以可用轨迹相交法求$M$点。

作法　1.连$AB$，取$AB$的中点$E$。连$EO$，用$EO$为直径作半圆。

2.用$E$做圆心，$\frac{1}{4}l$为半径作弧，交半圆于$M$，连$EM$。

3.从$A$和$B$各作平行于$EM$的弦$AD$和$BC$，这就是所求的两弦。

证

| 叙述 | 理由 |
|---|---|
| 1. 连$OM$，并延长交$AD$和$BC$于$G$和$H$ | 1. 作图法 |
| 2. 因$\angle EMO=90°$，即$OM\perp EM$ | 2. 半圆所含的圆周角是90° |
| 3. $\therefore$ $OM\perp AD, OM\perp BC$ | 3. 两//线中的一线的垂线⊥另一线 |
| 4. $AG=GD, BH=HC$ | 4. 从圆心引弦的垂线必平分弦 |
| 5. 但 $AG+BH=2EM=\frac{1}{2}l$ | 5. 已知$EM$是梯形$ABHG$的中位线，必等于二底和的一半 |
| 6. $\therefore$ $AD+BC=l$ | 6. 由5加倍 |

讨论　$\frac{1}{4}l>EO$时没有解，$\frac{1}{4}l=EO$时有一解。用$EO$做直径所作的半圆如果在另一侧，又可得两平行弦，虽长短和前面的相同，但位置不同，一般可认作有两解。又所求的两弦若由$A$、$B$反向引出，作法不同，读者自己研究。

## 研究题二

求作三角形，已知

（1）一角$A$的大小是$\alpha$，两邻边上的高是$h_b$、$h_c$。

（2）一边的长为$a$，另一边上中线的长为$m_b$，第三条边上的高为$h_c$。

提示　延长已知的中线，使成原长的二倍，可得一平行四边形。

（3）一边上的中线和高是$m_a$和$h_a$，另一边上的中线为$m_l$。

提示　两中线的交点是重心，它同顶点的距离，是过这顶点的中线的$\frac{2}{3}$。

（4）顶角$A$的大小是$\alpha$，底边上的高是$h_a$，外接圆的半径是$R$。

提示　作圆心角等于$2\alpha$。

（5）一边上的中线为$m_a$、高为$h_a$，外接圆半径为$R$。

（6）一角$A$的大小是$\alpha$，对边的长是$a$，另一边上的中线的长是$m_b$。

提示　顺次应用轨迹定理（7）（6）（1）。

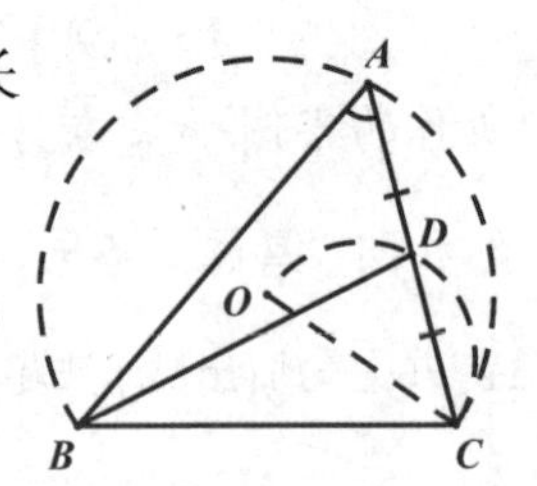

(7)已知两对角线，又知一角，求作平行四边形。

提示 先用一对角线做底，一角做顶角，另一对角线的一半做底边上的中线，仿〔范例7〕作一三角形。

(8)已知两邻边，另两邻边的夹角和两对角线，求作四边形。

(9)在△$ABC$内求一点$O$，使∠$AOB$=∠$BOC$=∠$COA$。

提示 用两边做弦，向形内各作一含$\frac{3}{4}$直角的弓形弧。

(10)已知两点$A$和$B$，两长度$l$和$m$，求作一直线$XY$，使由$A$、$B$所引$XY$的两垂线各等于$l$、$m$。

提示 如图，先求$E$点。

(11)已知三点$A$，$B$、$C$，长度$l$，求从$A$作一直线$AX$，使从$B$，$C$所引$AX$的两垂线的垂足距离等于$l$。

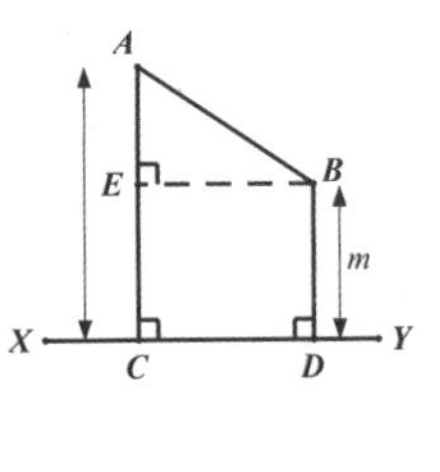


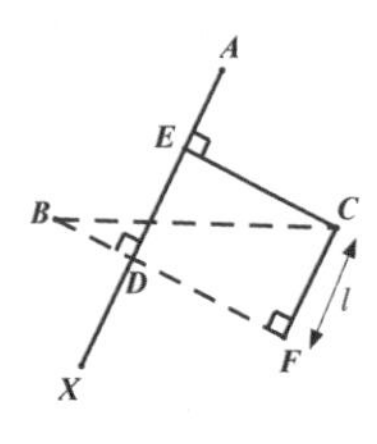


(12)两条铁道成不平行的两直线，求用已知长做半径作一弧，使其和这两直线相接合而成平滑的弯道。

提示 一直线和一弧有一公共点，而两者相切于这公共点时，就称两者相

F
D
H
G
O
C
A
B
E

接合，所以本题即“已知半径，求作一圆切于不平行的两已知直线”。

（13）用已知长做半径，求作一圆，使切于两已知圆。

（14）求作一圆，使它的圆心在定直线$XY$上，且过$XY$上的一个定点$A$，且切于定圆$O$。

（15）求作一圆，切于两已知平行线，且切于这两线间的一已知圆。

（16）求作一圆，切于一已知圆上的一个已知点，且切于另一已知圆。

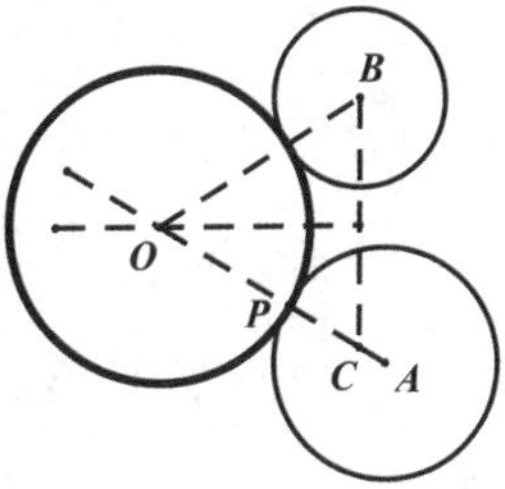

提示　设两已知圆是$A$和$B$，$A$圆上的已知点是$P$。欲作外切于$A$、$B$两圆的圆，可以在$PA$上（若$A$圆较$B$圆小，就在$PA$的延长线上）取$C$点，使$PC$等于$B$圆的半径。作$BC$的垂直平分线，交$AP$的延长线于$O$，就是所求的圆心。假使$BC$的垂直平分线和$PA$（不是$AP$）的延长线相交，那么所求圆和已知两圆都内切，假使$C$点取在$AP$的延长线上，那么所求圆和已知圆一内切、一外切。

# 平行移位法

在“奠基”和“轨迹”两种作图法不能适用时，我们常在解析时把所求线或已知线移到另一适当的位置，以便于作图。凡利用平行线的移位法，叫作平行移位法，简称平移法。

普通的平行移位法，都是把所求的图形中的直线平移到新位置，使它同已知部分集合一处，构成易于作出的新图形。于是可以先作新图形，再推得所求的图形。

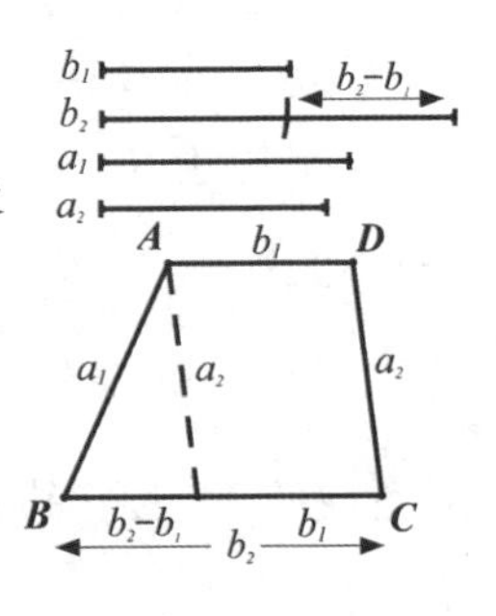


〔范例12〕已知四边，求作梯形。

假设：两底的长是$b_1$、$b_2$，两腰的长是$a_1$、$a_2$。

求作：梯形。

解析 1.假定$ABCD$是所求的梯形。

2.已知两底$AD=b_1$，$BC=b_2$，两腰$AB=a_1$，$DC=a_2$。

3.平移$DC$到$AE$的位置，得一▱$AECD$。于是$EC=AD=b_1$，$BE=BC-EC=b_2-b_1$。

4.在$\triangle ABE$中，已知边、边、边，可先作出，然后再作其他部分。

作法　1.先作$\triangle ABE$，使$BE=b_2-b_1$，$AB=a_1$，$AE=a_2$（边、边、边）。

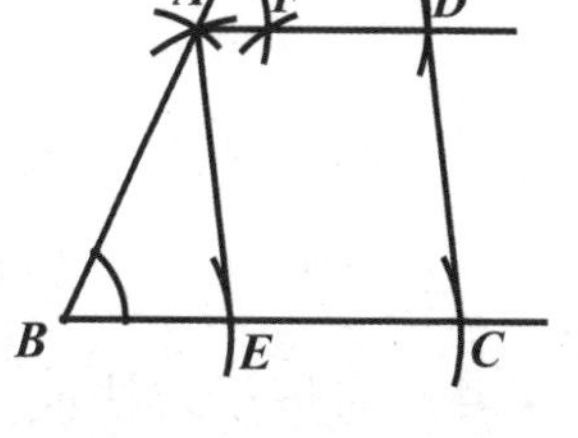


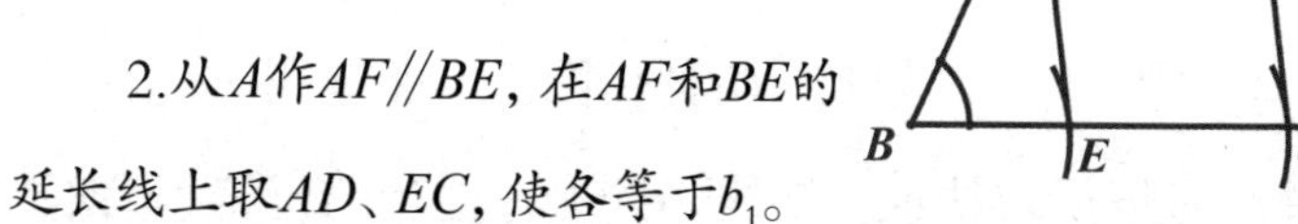

2.从$A$作$AF/\!/BE$，在$AF$和$BE$的延长线上取$AD$、$EC$，使各等于$b_1$。

3.连$DC$，那么$ABCD$就是所求的梯形。

证

| 叙述 | 理由 |
| --- | --- |
| 1. ∵ $AD/\!/BC$ | 1. 见作法2 |
| 2. ∴ $ABCD$是梯形 | 2. 梯形的定义 |
| 3. 又∵$AD=EC$ | 3. 从作法2，二线都等于$B1$ |
| 4. ∴ $AECD$是▱ | 4. 一组对边$\underline{/\!/}$的是▱ |
| 5. ∴ $DC=AE=a_2$ | 5. ▱对边相等，又作法1 |
| 6. 又 $BC=BE+EC$ $=(b_2-b_1)+b_1=b_2$ | 6. 从作法1和作法2代入 |
| 7. 又 $AD=b_1$，$AB=a_1$ | 7. 见作法2、作法1 |

讨论　在$a_1$、$a_2$和$b_2-b_1$中，任两者大于第三者时有一解，否则无解。

注意　普通作梯形的问题，已知腰的，平移它的腰，已知对角线的，平移它的对角线。

〔范例13〕求作一菱形，外切于定圆，使它的边等于定长。

假设：⊙$O$和已知长$l$。

求作：⊙$O$的外切菱形，使它的边长等于$l$。

解析 1.假定$ABCD$是所求的菱形，各边切⊙$O$于$E$、$H$、$F$、$K$。

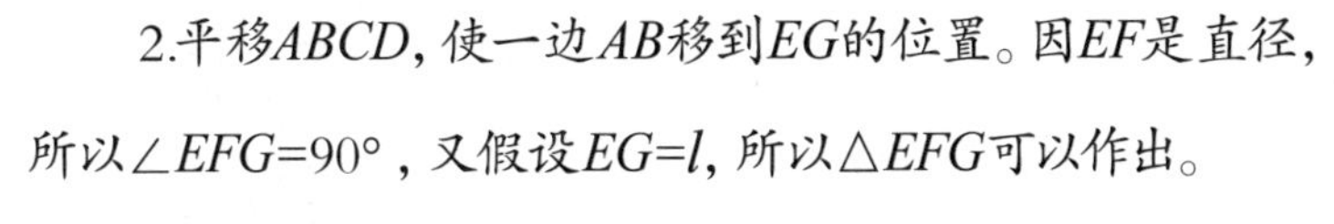

2.平移$ABCD$，使一边$AB$移到$EG$的位置。因$EF$是直径，所以$\angle EFG=90°$，又假设$EG=l$，所以$\triangle EFG$可以作出。

作法 1.作任意直径$EF$，过$E$、$F$各作一切线。

2.拿$E$做圆心，$l$做半径画弧，交过$F$的切线于$G$。

3.从$O$作$EG$的垂线，延长交圆于$H$、$K$。

4.过$H$、$K$各作圆的切线，交之前作的两切线于$A$、$B$、$C$、$D$。

5.那么$ABCD$就是所求的菱形。

证

| 叙述 | 理由 |
| --- | --- |
| 1. ∵ $AD//BC, AB//DC$ | 1. 过直径两端的二切线// |
| 2. ∴ $ABCD$是▱ | 2. 两组对边各//的是▱ |
| 3. 又∵ ▱$ABCD$的各边切于⊙$O$ | 3. 见作法1和作法4 |
| 4. ∴ $ABCD$是菱形 | 4. 圆的外切▱是菱形 |
| 5. 又∵$EG\perp HO$, $AB\perp HO$ | 5. 作法3，又切线⊥过切点的半径 |
| 6. ∴ $EG//AB$ | 6. ⊥同一线的两线// |
| 7. $ABCE$是▱ | 7. 同作法2 |
| 8. ∴ $AB=EG=l$ | 8. ▱对边相等，又作法2 |

讨论 $l$小于圆的直径时无解，否则常有一解，但$l$等于圆的直径时，所求的图形是一个正方形。

注意 读者学习作图到一定阶段后，为求节省时间，在作图的过程中应作的弧和线不必一一在图中画出。

〔范例14〕已知四边形的一组对边，和这两边同第三边的夹角，又知这两边中点的连线，求作四边形。

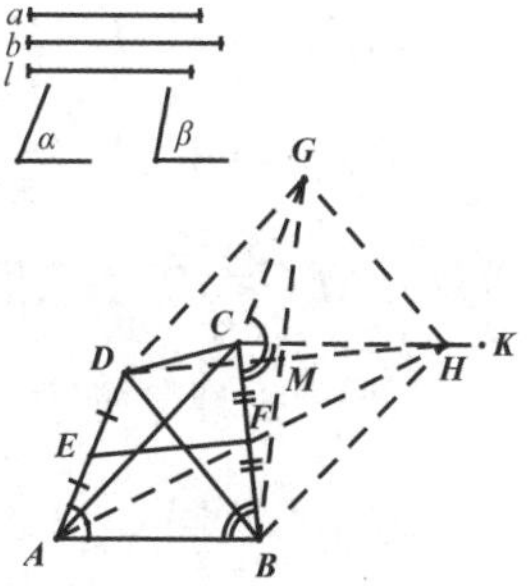

假设：一组对边的长是$a$、$b$，它们同第三边的夹角的大小是$\alpha$、$\beta$，这组对边中点的连线的长是$l$。

求作：四边形。

解析 1.假定$ABCD$是所求的四边形。

2.已知$AD=a$，$BC=b$，$\angle A=\alpha$，$\angle B=\beta$，$AD$、$BC$的中点连线$EF=l$。

3.假使平移$AD$到$CG$，$AC$到$BH$，那么$ACGD$、$ABHC$、$DBHG$都是▱，$\angle GCH=\angle\alpha$，$\angle HCB=\angle B=\beta$，于是$\triangle CGB$已知边、角、边，可以先作，同时又可作$CK$线。

4.$M$是$BG$的中点，位置可确定。

5.$AH$同$BC$互相平分于$F$，$EF=\frac{1}{2}DH=MH$，所以$MH=l$。但$H$点在定直线$CK$上，所以$H$的位置也可确定。

6.继续确定$D$的位置后，就可确定$A$点。

作法 1.作$\triangle CGB$，使$CG=\alpha$，$\angle GCB=\alpha+\beta$（$\angle GCK=\alpha$，$\angle BCK=\beta$），$CB=b$（边、角、边）。

2.取$BG$的中点$M$，拿$M$做圆心，$l$做半径画弧，交$CK$于$H$。

3.连$HM$，延长到$D$，使$MD=l$。

4.从$D$作$DA \mathrel{\underline{\parallel}} GC$，那么$ABCD$就是所求的四边形。

证明和讨论省略，读者试自己补足。

注意 上页图中环绕$C$点的四角各等于$ABCD$的四内角。集于$C$的四线各等于$ABCD$的四边。▱$DBHG$的边各等于$ABCD$的两对角线。▱$DBHG$的两对角线各等于$ABCD$的对边中点连线的两倍。▱$DBHG$的四内角各等于$ABCD$的两对角线的夹角。这些关系在作四边形的问题中很重要。

另外的一种平行移位法，是略去题中的某一条件，而作一适合于其他各条件的图形，然后再用平移法移到适宜的位置，使其更能适合于原先略去的条件。

〔范例15〕求在已知角的一边上取一点做圆心，以已知半径作圆，在另一边上截取已知长的弦。

假设：$\angle BAC$，长度$l$和$r$。

求作：一圆，半径是$R$，圆心在$AB$上，而在$AC$上截取等于$l$的弦。

解析 1.如果圆心不一定要在$AB$上，那么这一个圆是容易作出的。

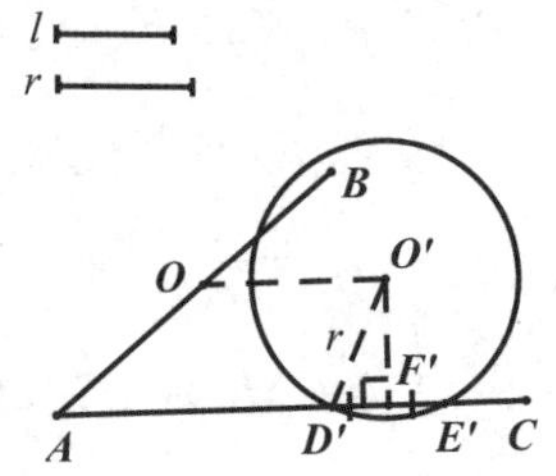


2.只要在$AC$上不论何处取$D'E'=l$，那么圆心$O'$一定在$D'E'$的垂直平分线上。又因$O'$和$D'$的距离等于$R$，一定在用$D$做圆心，$r$做半径的圆上，所以可用轨迹法求得$O'$。

3.将$O'$平行于$AC$而移到$AB$边上，就可作出所求的圆。

作法 1.在$AC$上任取$D'E'=l$，作它的垂直平分线$F'G$。

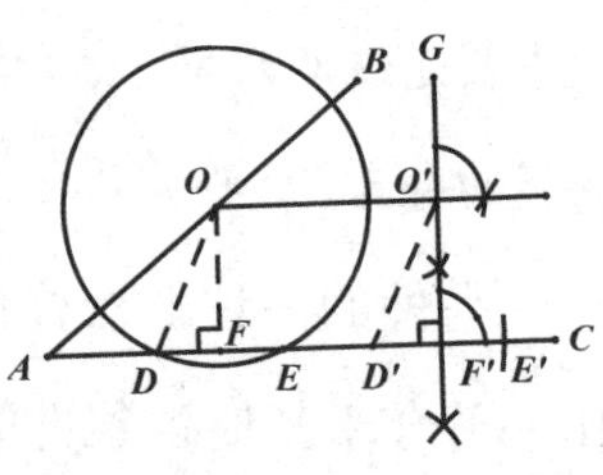


2.用$D'$做圆心，$R$做半径画弧，交$F'G$于$O'$。

3.过$O'$作$AC$的平行线，交$AB$于$O$，那么用$O$做圆心，$r$做半径的圆就是所求的圆。

证

| 叙述 | 理由 |
| --- | --- |
| 1. 若⊙$O$交$AC$于$D$和$E$，连$OD$，从$O$作$OF\perp DE$ | 1. 作图法 |
| 2. 那么 $OF=O'F'$ | 2. 平行线处处等距离 |
| 3. 又因$OD=O'D'$ | 3. 都等于$r$ |
| 4. $\therefore$ $\triangle ODF\cong\triangle O'D'F'$ | 4. 斜边、直角边 |
| 5. $DF=D'F'$ | 5. 全等△对应边相等 |

| | |
|---|---|
| 6. 但 $DE=2DF$ <br> $D'E'=2D'F'$ | 6. 从圆心引弦的垂线必平分弦 <br> 又作法1 |
| 7. $\therefore DE=D'E'=l$ | 7. 由5加倍 |

讨论 $R\leqslant\frac{1}{2}l$时没有解，又若交点$D$和$E$中的一点或两点在$CA$的延长线上时也没有解，除此以外常有一解。

## 研究题三

（1）已知梯形的两底和两下底角，求作这梯形。

（2）已知梯形的两底和两对角线，求作这梯形。

（3）已知梯形的两底，一对角线，又知两对角线的夹角，求作这梯形。

（4）已知梯形的两个腰，一对角线，又知两底的差，求作这梯形。

（5）已知四边形的一组对边同它们的中点的连接线，又知两对角线，求作这四边形。

提示 如〔范例14〕的图，先作$\triangle DHG$，再作$\triangle BGC$。

（6）已知四边形的一组对边，两对角线同它们的夹角，求作这四边形。

（7）已知四边形的三边，又知以第四边的两端做顶点的两角，求作这四边形。

提示 如图，作$CE // DA$，那么$\angle CEB=\angle A=\alpha$，$\triangle CEB$可作。又平移$AD$到$CE$上的$EF$，可用轨迹法求得$D$点。

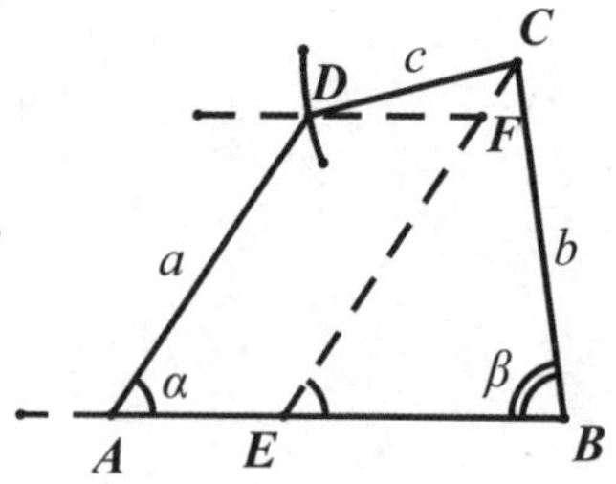

(8) 过一已知点求作一直线，使被两已知平行线截取已知长的线段。

(9) 在已知角的两边之间求作一线段等于已知长，且使所作线段平行于夹在角边间的已知线段。

(10) 在已知角的两边之间求作一线段等于已知长，且把已知角的两边截成等长。

(11) 求作已知圆的切线，使与已知直线成角等于已知角。

(12) 以已知半径作圆，使在已知角的两边上截取已知长的弦。

(13) 在两已知平行线$AB$、$CD$的两外侧有二定点$P$、$O$，求在$AB$、$CD$间作一垂直线段$EF$，使$PE=OF$。

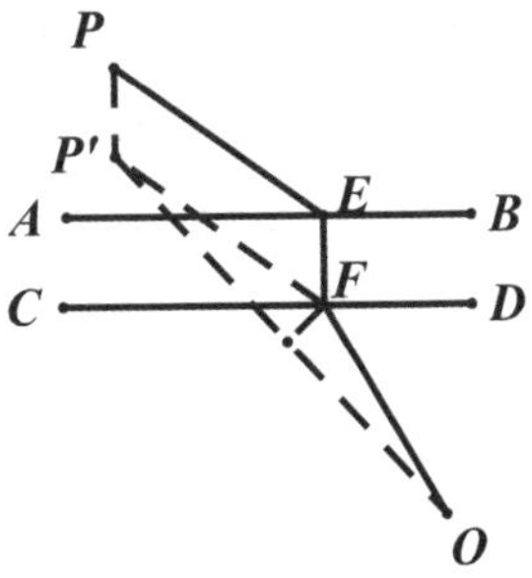

提示 平移$EF$，使它的一端合于$P$（或$O$）而成$PP'$。可用轨迹法在$CD$上求一点，使到$P'$和$O$的距离相等。

(14) 在两已知平行线$AB$、$CD$的两外侧有二定点$P$、$O$，求在$AB$、$CD$间作一垂直线段$EF$，使$PE+EF+FO$最短。

提示 仿上题平移$EF$成$PP'$，求$P'$和$O$间的最短距离。

## 旋转移位法

作图的移位法除平移外，有时须把一线或一圆围绕某一定点旋转，转到适当的位置后，可使所求的线同已知线有所联系，从此得到作图的方法。这样的移位叫作旋转移位法。

〔范例16〕求作一正三角形，使它的三顶点各在已知三平行线中的一线上。

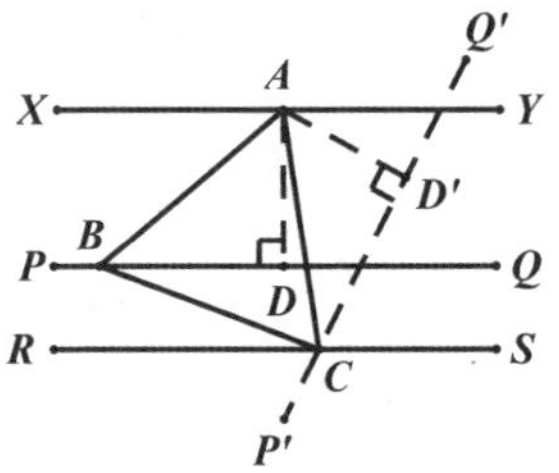

假设：三平行线$XY$、$PQ$、$RS$。

求作：一正三角形，使它的三顶点$A$、$B$、$C$分别在$XY$、$PQ$、$RS$三线上。

解析 1.在$XY$上的一顶点$A$可以任意决定。

2.作$AD \perp PQ$，把$\triangle DAB$绕$A$旋转$60°$，使$B$合于$C$，那么$AD$跟着旋转$60°$而到$AD'$，$PQ$跟着转到$P'Q'$。

3.因$B$在$PQ$上，$C$在$RS$上，$B$既合于$C$，那么$C$一定是$P'Q'$和$RS$的交点。

作法 1.在$XY$上任取一点$A$，作$AD\perp PQ$。

2.又作$AD'$，使$\angle D'AD=60°$，$AD'=AD$。

3.过$D'$作$P'Q'\perp AD'$，交$RS$于$C$，连$AC$。

4.作$AB$，使$\angle BAC=60°$，交$PQ$于$B$。

5.连$BC$，那么$\triangle ABC$就是所求的正三角形。

证

| 叙述 | 理由 |
|---|---|
| 1. ∵ $\angle DAD'=\angle BAC=60°$ | 1. 从作法2和4 |
| 2. ∴ $\angle D'AC=\angle DAB$ | 2. 从1两边各减去$\angle DAC$ |
| 3. 又∵ $AD'=AD$, $\angle AD'C=\angle ADB$ | 3. 从作法1、2、3 |
| 4. ∴ $\triangle AD'C\cong\triangle ADB$ | 4. 角、边、角 |
| 5. $AC=AB$ | 5. 全等△的对应边相等 |
| 6. ∴ $\angle ABC=\angle ACB$ | 6. 等腰△的底角相等 |
| 7. 但 $\angle ABC+\angle ACB=180°-60°=120°$ | 7. △三角的和是180°，其中的一角是60° |
| 8. ∴ $\angle ABC=\angle ACB=60°$ | 8. 从7折半 |
| 9. $\triangle ABC$是正三角形 | 9. △三角都是60°，一定是正△ |

讨论 在这问题中，假使每一相异的位置都作为一解，那么解答数无穷。但这样的问题普通都认为是不定位置的问题，所以只论形状大小，只有一解。

〔范例17〕从两定圆外的一定点，到两定圆求作两条相等的线段，使它们的夹角等于一定角。

假设：两定圆$A$、$B$外有一定点$P$，又有一定角$\alpha$。

求作：两直线，从$P$到$A$、$B$两圆上的$C$、$D$两点，使

$PC=PD$，且$\angle CPD=\alpha$。

解析 1.假定$PC$、$PD$两直线已经作成，把$\odot A$绕$P$旋转一定角$\alpha$，圆心$A$移到$A'$的位置。

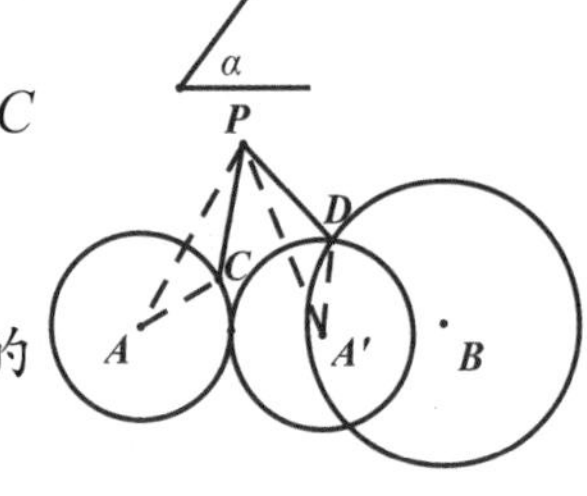


2.那么$\angle APA'=\angle CPD=\alpha$，$PC$合于$PD$。

3.可见$D$点是旋转$\odot A$到$A'$后的两圆的交点。

作法 1.连$PA$，作$PA'$，使$\angle APA'=\alpha$，$PA'=PA$。

2.拿$A'$做圆心，$\odot A$的半径做半径画圆，交$\odot B$于$D$。

3.再拿$P$做圆心，$PD$做半径画弧，交$\odot A$于$C$。

4.连$PC$，那么$PC$、$PD$就是所求的直线。

证

| 叙述 | 理由 |
|---|---|
| 1. $PA'=PA$，$A'D=AC$，$PD=PC$ | 1. 见作法1、2、3 |
| 2. $\therefore\ \triangle PA'D\cong\triangle PAC$ | 2. 边、边、边 |
| 3. $\angle A'PD=\angle APC$ | 3. 全等△的对应角相等 |
| 4. $\therefore\angle CPD=\angle APA'=\alpha$ | 4. 从3两边各加$\angle CPA'$，又根据作法1 |

讨论 如上图，$\odot A'$同$\odot B$有两交点，所以有两解。但把$\odot A$向另一方向旋转，假使所得的$\odot A''$也同$\odot B$相交，那么有四解。假使$\odot A'$和$\odot A''$一交$\odot B$，一切$\odot B$，有三解；都切于$\odot B$，有两解；一同$\odot B$不相遇，一切$\odot B$，有一解；都同$\odot B$不相遇就没有解。又在$\odot A'$、$\odot A''$中，假使有一圆同$\odot B$相合，就成不定解。

## 研究题四

（1）定圆$O$和定直线$XY$间有一定点$P$，求从$P$作夹直角的两线，遇$\odot O$和$XY$于$A$和$B$，使$PA=PB$。

（2）在两已知平行线$AB$、$CD$间有一定点$P$，求从$P$作夹直角的两线，遇$AB$、$CD$于$E$、$F$，使$PE=PF$。

（3）两定圆$A$、$B$外有一定点$P$，求过$P$作一直线，各交圆$A$、$B$于$C$、$D$，使$PC=PD$。

（4）过两圆的一交点，求作一直线，使被两圆所截的弦相等。

（5）求在三同心圆上各取一点，使成一正三角形的三顶点。

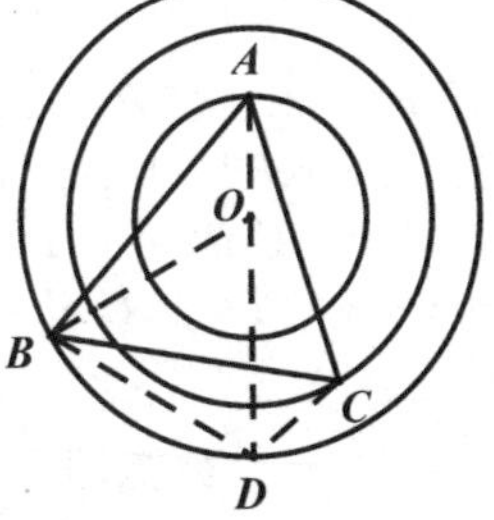

A
O
B
C
D

提示　假定$\triangle ABC$是所求的三角形，把$\triangle OAB$绕$B$旋转$60^\circ$，那么$A$合于$C$，$O$一定合于外圆上的$D$，且$BD=BO$，$DC=OA$。

# 翻折移位法

还有一种移位的作图方法，是固定一图形中的适当的一线或一点，把图形翻折，利用对称的图形以得作图题的解法，叫作翻折移位法。

〔范例18〕定直线的同侧有一定点和一定圆，在定直线上求一点，使从这点所引定圆的切线和这点到定点的连线恰巧同定直线夹等角。

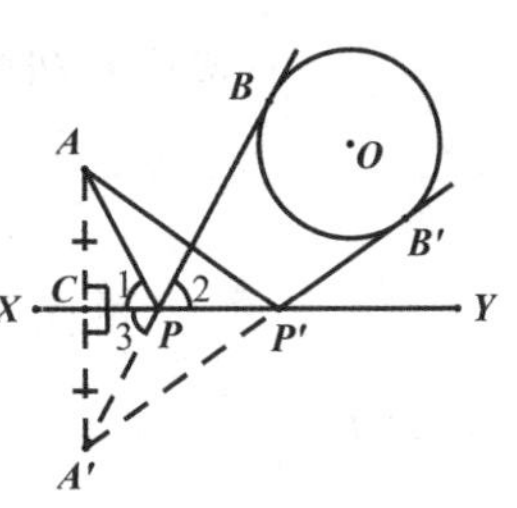


假设：定圆$O$和定点$A$在定直线$XY$的同侧。

求作：$XY$上的一点$P$，从$P$引$O$圆的切线$PB$，使$PB$、$PA$同$XY$夹等角。

解析 1.假定$P$点已经求得，那么$\angle 1=\angle 2$。

2.假使固定$XY$线把图翻折，从$A$移到$A'$，那么$\angle 1=\angle 3$。

3.从1、2知$\angle 2=\angle 3$，$A'$、$P$、$B$三点共线。

作法 1.从$A$作$AC\perp XY$，延长到$A'$，使$CA'=AC$。

2.从$A'$作$\odot O$的切线，交$XY$于$P$。

3.那么$P$点就是所求的点。

简证 从$\triangle ACP\cong\triangle A'CP$，可得$\angle 1=\angle 3$。再从对顶角定理得$\angle 2=\angle 3$，所以$\angle 1=\angle 2$。详细的证明请读者自己尝试写出。

讨论 因从$A'$所引$\odot O$的切线有二，所以本题常有两解。

〔范例19〕定圆外有两定点，求作一直径，使它的两端同两定点的两条连线相等。

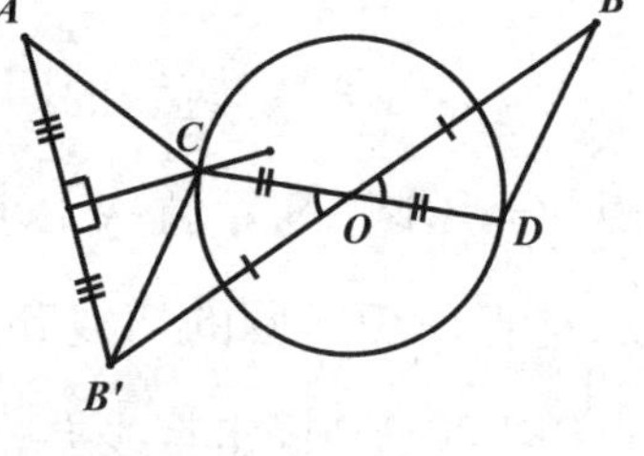


假设：定圆$O$外有两定点$A$、$B$。

求作：$\odot O$的直径$CD$，使$AC=BD$。

解析 1.假定直径$CD$已经作成。

2.假使固定$O$点把图翻折，可使$B$合于$B'$，又可使$D$合于$C$，所以$BD=B'C$。

3.因题设条件$AC=BD$，所以$AC=B'C$，$C$一定在$AB'$的垂直平分线上。

作法 1.连$BO$，延长到$B'$，使$OB'=BO$。

2.连$AB$，作$AB'$的垂直平分线，交⊙$O$于$C$。

3.过$C$作直径$COD$，就是所求的直径。

简证 因$C$在$AB'$的垂直平分线上，所以$AC=B'C$。又从图中的记号，可利用全等三角形证得$BD=B'C$，所以$AC=BD$。

讨论 因$AB'$的垂直平分线同⊙$O$有两交点，所以有两解。但是同⊙$O$相切时只有一解；相离时无解。

〔范例20〕在矩形的康乐球盘上，有$A$、$B$两球，问要依什么方向撞$A$球，才能使这球顺次撞球盘的四边后，再撞到$B$球？

假设：$CDEF$是矩形的球盘，$A$和$B$是两个球。

求作：撞$A$球，使顺次撞球盘的四边后，再撞到$B$球的路线。

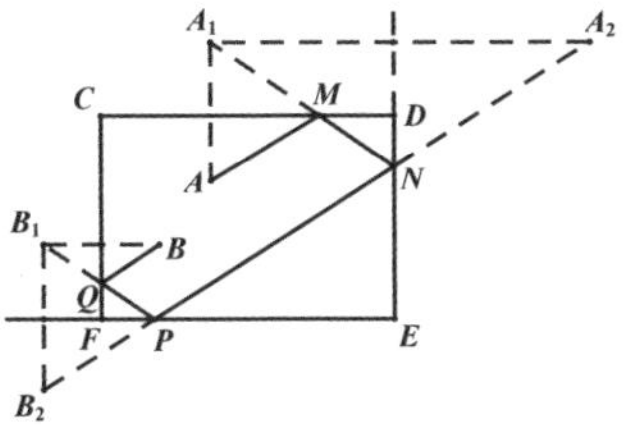

解析 要解决本题，首先要知道球撞向盘边而弹出的路线，和光线射到镜面后再反射出来的路线一样，有下面的一种特性，“撞向盘边的线和从盘边弹出来的线和盘边夹等角”，或“从出发点到终点所经的距离，一定是最短的距离”。根据这个特性，可用翻折法作出所求的路线。因为从$A$撞向盘边$CD$的线如果是$AM$，弹出的线如果是$MN$，那么$\angle AMC=\angle NMD$，延长$NM$到$A_1$，由对顶角相等的定理，可推知$\angle AMC=\angle A_1MC$，所以$AM$和$A_1M$关于$CD$是成对称的。同理，撞向盘边$DE$的线$MN$，弹出后的方向如果是$NP$，那么$\angle MND=\angle PNE$，延长$PN$到$A_2$，可推得$\angle MND=\angle A_2ND$，所以$A_1N$和$A_2N$关于$DE$也成对称。其余以此类推。

作法 1.用$CD$做轴作$A$的对称点$A_1$（即从$A$作$CD$的垂线，延长到$A_1$，使成二倍长），再用$DE$做轴作$A_1$的对称点$A_2$。

2.仿上法，作$B$点关于$CF$的对称点$B_1$，再作$B_1$点关于$FE$的对称点$B_2$。

3.连$A_2B_2$，交$DE$、$FE$于$N$、$P$。

4.连$A_1N$，交$CD$于$M$；连$B_1P$，交$CF$于$Q$。

5.那么折线$AMNPQB$就是所求的撞球路线。

简证一 因$A$和$A_1$关于$CD$成对称，所以$\angle AMC=\angle A_1MC$。但$\angle NMD=\angle A_1MC$，所以$\angle AMC=\angle NMD$，因此知道从$A$撞向$M$的球必依$MN$的方向弹出。

同理，$\angle MND=\angle PNE$，从$M$撞向$N$的球必依$NP$的方向弹出。

继续可证$\angle BQC=\angle PQF$，$\angle QPF=\angle NPE$，所以从$N$撞向$P$的球必弹出而到$Q$，再弹出而撞到$B$球。

简证二 根据对称图形的性质，知道$AM=A_1M$，

$A_1N=A_2N$, $PB_1=PB_2$, $QB=QB_1$, 所以

$AM+MN+NP+PQ+QB=A_1M+MN+NP+PQ+QB_1=A_1N+NP+PB_1=A_2N+NP+PB_2=A_2B_2$。

因为在所有连两点的线中，以线段为最短，所以路线$AMNPQB$是从$A$撞四边后而达$B$的最短距离。

注意一　本题不一定要照上面的方法作图，从作法2起，可换作求$A_2$关于$FE$的对称点$A_3$，再求$A_3$关于$CF$的对称点$A_4$，连$A_4B$，交$CF$于$Q$。……如果先照作法2求$B_1$和$B_2$，再仿上法求$B_3$和$B_4$，连$B_4A$也可以。或照原作法，不求$B_2$而另求$A_2$关于$FE$的对称点$A_3$，连$A_3B_1$，交$CF$于$Q$、$FE$于$P$。如果不求$A_2$而另求$B_3$也可以，这里不必细说了。又上面举的两种证明，我们只要写出任意一种就够了。

注意二　读者学习几何到相当阶段后，证明都可如上例写得简单一些，非但不必拘泥于刻板形式，还可以把浅显理由略去，或把理由夹叙在文句中。

〔范例21〕求作一圆，切于已知角的一边上的一已知点，而在另一边上截取已知长的弦。

假设：$\angle BAC$的一边$AB$上有一点$P$，又有长度$l$。

求作：一圆，切$AB$于$P$，在$AC$上截一弦等于$l$。

解析　1.假定所求的圆已经作成，那么这圆切已知角的一

边$AB$于已知点$P$，而截另一边$AC$所得的弦$DE$等于$l$。

2.平移$DE$到$PQ$，那么$DEQP$是▱。

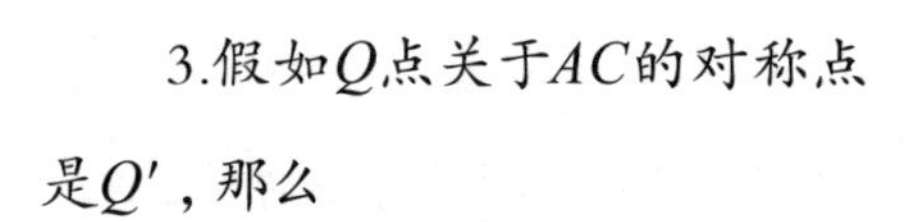

3.假如$Q$点关于$AC$的对称点是$Q'$，那么

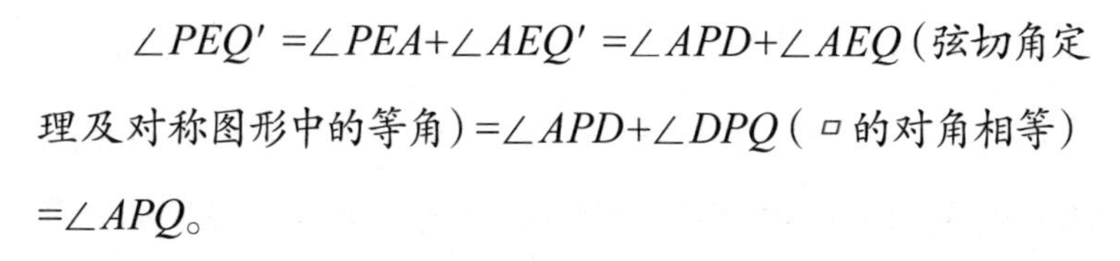

$\angle PEQ' = \angle PEA + \angle AEQ' = \angle APD + \angle AEQ$（弦切角定理及对称图形中的等角）$= \angle APD + \angle DPQ$（▱的对角相等）$= \angle APQ$。

4.因$PQ'$的位置一定，$\angle PEQ'$的大小已知，所以$E$点可以作出。继续确定$D$点的位置，那么过$P$、$D$、$E$三点的圆就是所求的圆。

作法　1.从$P$作$AC$的平行线，在这条线上截取$PQ=l$（在$\angle BAC$的内部）。

2.求$Q$点关于$AC$的对称点$Q'$，连$PQ'$。

3.用$PQ'$做弦作一弓形弧，使它所含的弓形角等于$\angle APQ$，该弓形弧交$AC$于$E$。

4.在$AC$上取$DE=l$。

5.过$P$、$D$、$E$三点作圆，就是所求的圆。

简证　因$PQ \mathrel{\underline{\parallel}} DE$，所以$DEQP$是▱，$\angle DPQ = \angle DEQ$。但$\angle DEQ' = \angle DEQ$，所以$\angle DPQ = \angle DEQ'$。

由作法，$\angle APQ=\angle PEQ'$，和前式相减，得$\angle APD=\angle PED$。

于是由弦切角定理的逆定理，知道$AB$和$\odot PDE$相切于$P$点。

讨论 本题常有一解。

注意 上题是兼用平行和翻折两种移位法的一个良好例子。但如果学过了圆中的比例线段定理，就可用“代数解析法”来解决上题，这样要简便得多。因为$\overline{AP}^2=AD\times AE$，设$AP=a$，$AD=x$，那么$a^2=x(x+l)$，即$x^2+lx-a^2=0$。

解得$x=\frac{\sqrt{l^2+4a^2}-l}{2}$

多阅读本书“代数解析法”一节，易于求得$X$的长。

## 研究题五

（1）已知四边形四边的长，又知一内角恰被对角线平分，求作这四边形。

（2）从$\triangle ABC$的顶点$A$到对边$BC$上的任意点$D$连一直线，求在$AD$上取一点$P$，使$\angle BPD=\angle CPD$。

（3）$A$、$B$是定直线$XY$同侧的两定点，求在$XY$上取一点$P$，使$\angle APX=\angle BPY$。

（4）$A$、$B$是定直线$XY$两侧的两定点，求在$XY$上取一点$P$，使$\angle APX=\angle BPX$。

（5）$A$、$B$是定直线$XY$两侧的两定点，$C$是$XY$上的一定点，求在$XY$上取一点$P$，使$\angle CAP=\angle CBP$。

提示　翻折$B$到$XY$的另一侧的$B'$处，利用$C$、$A$、$B'$、$P$共圆以求出$P$点。

（6）在$XY$的同侧有$A$、$B$两点，又已知长度$l$，求在$XY$上取$MN=l$，使$AM+MN+NB$的和最短。

提示　使$B$点平行于$XY$而向$A$移$l$长的距离，然后仿（3）题来解。

（7）在已知角$XOY$内有一点$A$，求在$OX$上取一点$B$，$OY$上取一点$C$，使$\triangle ABC$的周长最短。

(8) 在已知角$XOY$内有两点$A$和$B$，求在$OX$上取一点$C$，$OY$上取一点$D$，使折线$ACDB$最短。

(9) 用翻折法解研究题三的第(13)题。

提示 用$AB$、$CD$间和这两线等距离的平行线做对称轴，翻折$P$到$P'$。

## 相似作图法

有些作图题所需作的图形不拘大小，只限定位置和形状，我们可以先作出它的相似图形，然后像放映幻灯片或摄影一样，把它放大或缩小，移到指定的位置。这样的方法，叫作相似作图法。

〔范例22〕在已知三角形内作一内接正方形。

假设：$\triangle ABC$。

求作：内接正方形。

解析　1.假定所求的正方形是$DEFG$，两顶点$D$、$E$在$BC$边上，第三顶点$F$在$AC$边上，第四顶点$G$在$AB$边上。

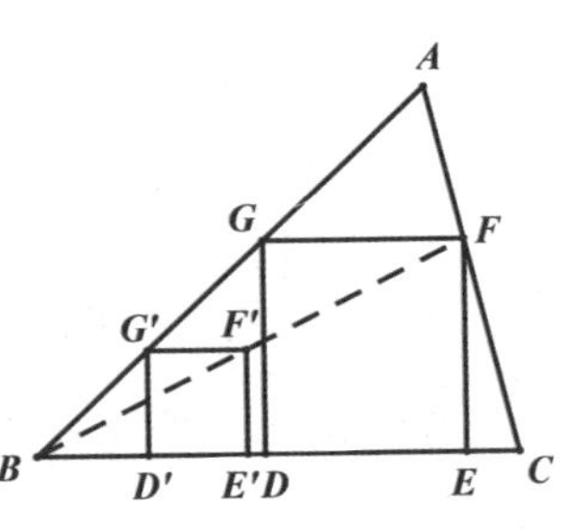


2.连$BF$，在$BF$上任取一点$F'$，作$F'G' // FG$，$F'E' // FE$，$G'D' // GD$，那么$\triangle BFG \backsim \triangle BF'G'$，所以

$FE:F'E'=EF:BF'$，$FG:F'G'=FE:F'E'$。于是由$FG=FE$可决定$F'G'=F'E'$，$D'E'F'G'$也是正方形。

3.因正方形$D'E'F'G'$易作，所以可利用$B$、$F'$、$F$三点共线而得$F$点。

作法 1.在$AB$上任取一点$G'$，作$G'D'\perp BC$。

2.拿$G'D'$做边，在$\triangle ABC$内作一正方形$D'E'F'G'$。

3.连$BF'$，延长交$AC$于$F$。

4.作$FG/\!/CB$，交$AB$于$G$。从$F$、$G$各作$BC$的垂线$FE$、$GD$，那么$DEFG$就是所求的内接正方形。

证

| 叙述 | 理由 |
| --- | --- |
| 1. $\because$ $FG/\!/F'G'$，$FE/\!/F'E'$ | 1. $/\!/$或$\perp$同一线的二线$/\!/$ |
| 2. $\therefore$ $\triangle BFG\backsim\triangle BF'G'$ | 2. $\triangle$一边的$/\!/$线截一$\triangle\backsim$原$\triangle$ |
| 3. $FG:F'G'=BF:BF'$ | 3. 相似$\triangle$的对应边成比例 |
| 4. 同理$FE:F'E'=BF:BF'$ | 4. 仿2，3 |
| 5. $\therefore$ $FG:F'G'=FE:F'E'$ | 5. 等于同比的二比相等 |
| 6. 但 $F'G'=F'E'$ | 6. 从作法2 |
| 7. $\therefore$ $FG=FE$ | 7. 两个等比的后项相等，前项也相等 |
| 8. 易知$DEFG$是矩形 | 8. 各角都是直角 |
| 9. $\therefore$ $DEFG$是正方形 | 9. 矩形二邻边相等的是正方形 |

讨论 在$BC$边上可作一内接正方形，同理在其他两边上都可作一内接正方形，所以本题有三解。

〔范例23〕假设：$P$是定角$AOB$内的一个定点。

求作：$OA$上的一点$Q$，$OB$上的一点$R$，使$OR=RQ=QP$。

解析 1.假设折线$ORQP$不限定止于$P$，那么可作无数。

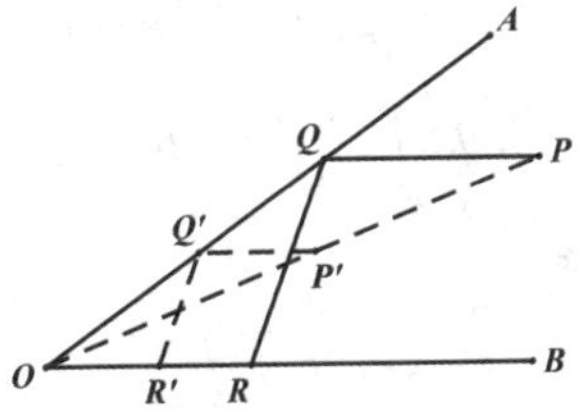

2.现在先作折线$OR'Q'P'$，使$OR'=R'Q'=Q'P'$，但$P'$须在$OP$或$PO$的延长线上。

3.平移$Q'P'$和$R'Q'$，就得所求的点。

作法 1.在$OB$上任取一点$R'$，拿$R'$做圆心，$RO$做半径画弧，交$OA$于$Q'$。

2.连$R'Q'$和$OP$，拿$Q'$做圆心，原半径画弧，交$OP$于$P'$，连$Q'P'$。

3.从$P$作$PQ//P'Q'$，交$OA$于$Q$。

4.从$Q$作$QR//Q'R'$，交$OB$于$R$，那么$Q$、$R$就是所求的两点。

简证 仿〔范例22〕，可证$QP:Q'P'=OQ:OQ'=RQ:R'Q'$。因$Q'P'=R'Q'$，所以$QP=RQ$。又因$RQ:R'Q'=OR:OR'$，$R'Q'=OR'$，所以$RQ=OR$。

讨论 拿$Q'$做圆心，$Q'R'$做半径的弧，假使同$OP$有第二交点，那么本题有两解，否则有一解。

〔范例24〕已知两个角，又知底和高的和（或差），求作三角形。

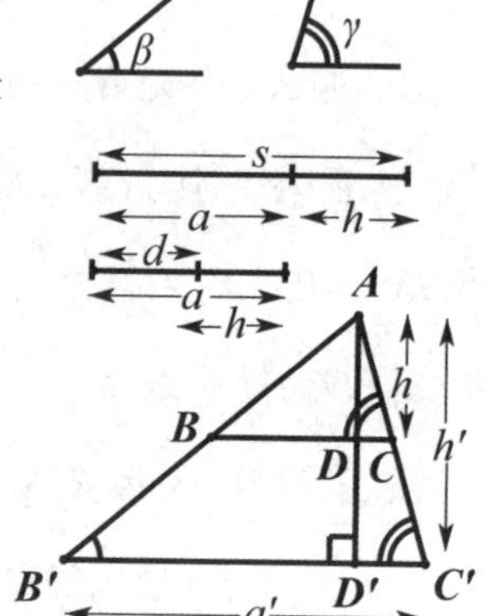


假设：两个角$B$和$C$的大小是$\beta$和$\gamma$，底$a$和高$h$的和是$s$（或差是$d$）。

求作：$\triangle ABC$。

解析　1.假定$\triangle ABC$已经作出，它的高是$AD$，那么$\angle=\beta$，$\angle C=\gamma$，$BC+AD=s$（或$BC-AD=d$）。

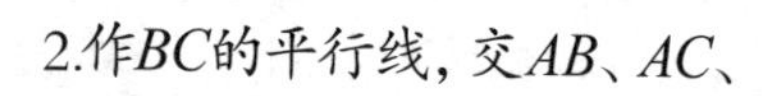

2.作$BC$的平行线，交$AB$、$AC$、

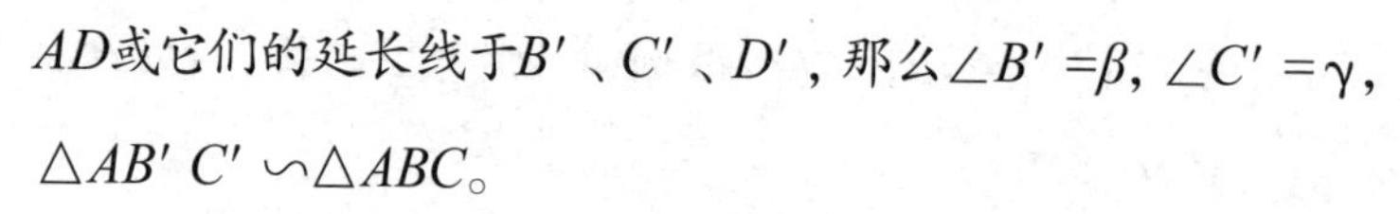

$AD$或它们的延长线于$B'$、$C'$、$D'$，那么$\angle B'=\beta$，$\angle C'=\gamma$，$\triangle AB'C' \backsim \triangle ABC$。

3.设$B'C'=a'$，$AD'=h'$，那么$a':h'=BC:AD$。

4.于是知道只须内分$s$（或外分$d$），使所成二分的比等于$a':h'$，那么第二分就是所求三角形的高。

作法　1.用任意长$a'$做底作$\triangle AB'C'$，使$\angle B'=\beta$，$\angle C'=\gamma$。

2.作$\triangle AB'C'$的高$AD'$，设$AD'=h'$。

3.内分$s$（或外分$d$），使所成二分$a$和$h$的比等于$a':h'$。

4.在$AD'$上（或在它的延长线上）取$AD=h$，过$D$作$BC /\!/ B'C'$，那么$\triangle ABC$就是所求的$\triangle$。

简证　因$BC /\!/ B'C'$，所以$\triangle ABC \backsim \triangle AB'C'$，$B'C':AD'=BC:AD$（相似$\triangle$的底和高成比例），即$a':h'=BC:h$。

由作法，$a':h'=a:h$，比较二式，得$BC=a$，所以$BC+AD=a+h=s$（或$BC-AD=a-h=d$）。又因$\angle B=\angle B'=\beta$，$\angle C=\angle C'=\gamma$，所以$\triangle ABC$是所求的三角形。

讨论 除$\beta+\gamma\geqslant 180°$时没有解以外，本题都有解。

## 研究题六

(1)求作已知扇形的内接正方形，使它的两顶点同在一半径上，第三顶点在另一半径上，第四顶点在弧上。

(2)求作已知扇形的内接正方形，使它的两顶点同在弧上，另一顶点分别在两半径上。

(3)求作已知半圆的内接正方形，使它的一边在直径上。

(4)求作已知弓形的内接矩形，使一边在弓形弦上，与已知矩形相似。

(5)求作已知三角形的内接半圆，使它的直径平行于三角形的底，圆周切于底，直径的两端在其他两边上。

提示 作底二倍于高的内接矩形。

(6)$\angle AOB$内有一点$C$，求在$OB$上取一点$P$，作$PD\perp OA$，使$PD=PC$。

(7)求作一圆，使切于两相交的定直线，且过一定点。

提示 注意所求圆的中心在二定直线交角的平分线上。

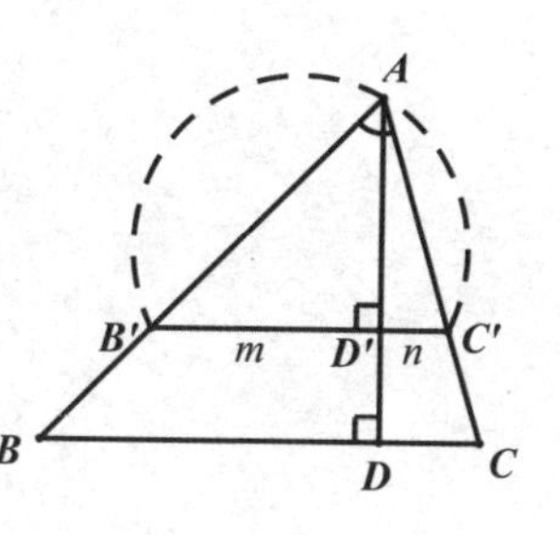


(8)已知一角$A$的大小，这角

对边的长$a$，$a$和邻边$c$的比是$m:n$，求作三角形。

提示 先作一个含已知角对边是$m$，邻边是$n$的三角形。

(9)已知顶角⊥底边上的高，底边被高所分二者的比，求作三角形。

(10)已知顶角，底和高的比，一腰上的中线，求作三角形。

(11)已知顶角，底和高的和，求作等腰三角形。

(12)在$\triangle ABC$的两边$AB$、$AC$上各求一点$D$、$E$，使$BD=DE=EC$。

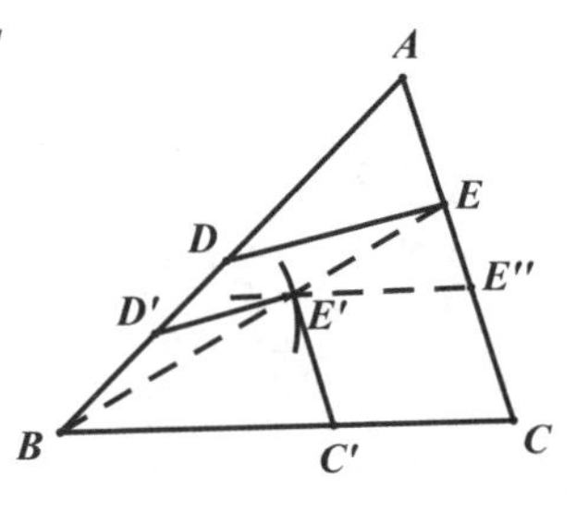


提示 取BD′=CE′′，先利用平移法和轨迹法求E′点，使BD′=D′E′=E′C′。

# 变更问题法

考查原题的图中各部分的相互关系，设法把原题变成另一已知的问题或易解的问题，这种化繁为简的方法叫作变更问题法。其实在前面举的各法中也有类此的情形。

〔范例25〕求作两个定圆的外公切线。

假设：两个定圆$O$和$O'$。

求作：这两个定圆的外公切线。

解析 1.假定$AB$是所求的一条外公切线，切$\odot O$于$A$，并切$\odot O'$于$B$。

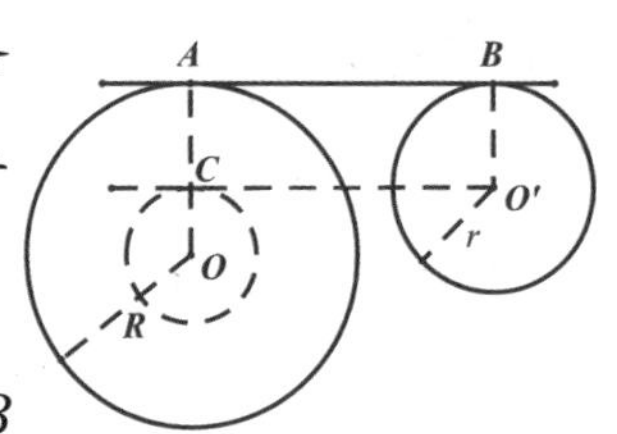


2.连$OA$、$O'B$，那么$OA$和$O'B$都是已知长。又从$OA\perp AB$，$O'B\perp AB$，知$OA//O'B$。

3.假使从小圆的圆心$O'$作$O'C//BA$，交$OA$于$C$，那么$CA=C'B$，$OC$等于二圆半径的差，且$OC\perp O'C$。

4.于是可先拿$O$做圆心，两圆半径的差做半径作一辅助圆，把原题变成从$O'$作这辅助圆的切线的已知问题。

作法 1.作两圆的任意半径$R$和$r$。

2.拿大圆的圆心$O$做圆心，$R-r$做半径作圆，再从$O'$作这圆的切线$O'C$。

3.连$OC$，延长交$\odot O$于$A$。

4.从$O'$作$O'B/\!/OA$，交$\odot O'$于$B$，连$AB$，就是所求的外公切线。

证

| 叙述 | 理由 |
|---|---|
| 1. $\because\ CA=OA-OC$<br>$=R-(R-r)=R=O'B$ | 1. 从作法2代入 |
| 2. $CA/\!/O'B$ | 2. 从作法4 |
| 3. $\therefore\ AOC'B$是▱ | 3. 一组对边$\underline{/\!/}$的是▱ |
| 4. $AB/\!/CO'$ | 4. ▱的对边$/\!/$ |
| 5. 但 $OA\perp CO'$ | 5. 从作法2，切线$\perp$过切点的半径 |
| 6. $\therefore\ OA\perp AB$ | 6. 两$/\!/$线中一线的垂线$\perp$另一线 |
| 7. $O'B\perp AB$ | 7. 从2，同6 |
| 8. $\therefore\ AB$切于$\odot O$和$\odot O'$ | 8. $\perp$半径外端的线是切线 |

讨论 因从$O'$所引辅助圆的切线有二，所以通常有两解。但$OO'=R-r$时只有一解，$OO'<R-r$时无解。

〔范例26〕过相交的两定圆的一交点，求作一直线交于两圆，使等于定长。

假设：相交的两个定圆$O$和$O'$，一交点是$A$，又定长$l$。

求作：过$A$而交于两圆的直线，使它的长等于$l$。

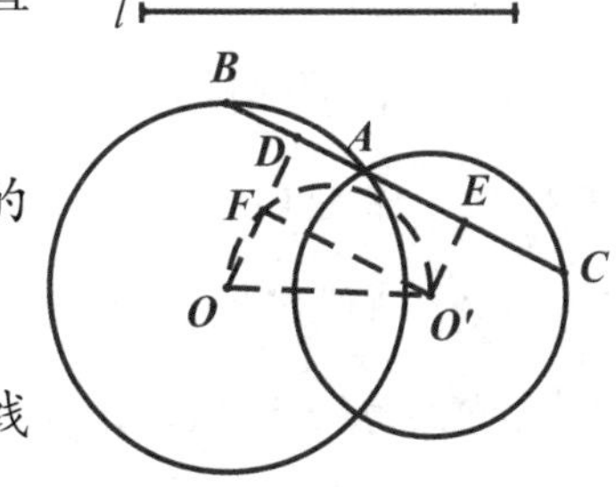


解析 1.假定$BAC$是所求的直线。

2.从两圆的圆心各作这线的垂线$OD$、$O'E$，那么$DE=\frac{1}{2}AB+\frac{1}{2}AC=\frac{1}{2}BC=\frac{1}{2}l$。于是在梯形$OO'ED$中，已知两腰的长，又知一腰同两底都夹直角，已把原题变成一个作梯形的较简问题。

3.再作$O'F\perp OD$，那么$O'F-DE=\frac{1}{2}l$，又从作梯形的问题变成一个已知斜边同一直角边而作直角△的简易问题。

作法 1.连接$OO'$，拿$OO'$做直径作圆。

2.拿$O'$做圆心，$\frac{1}{2}l$做半径画弧，交前圆于$F$。

3.过$A$作一直线$/\!/O'F$，交两个定圆于$B$、$C$，就是所求的直线。

读者试自写证明。

讨论 拿$O'$做圆心，$\frac{1}{2}l$做半径的弧，同$OO'$做直径的圆通常有两交点，所以有两解。但$OO'=\frac{1}{2}l$时只有一解，$OO'<\frac{1}{2}l$时无解。

〔范例27〕以三个定点做圆心，求作两两相切的三个圆。

假设：$A$、$B$、$C$是三个定点。

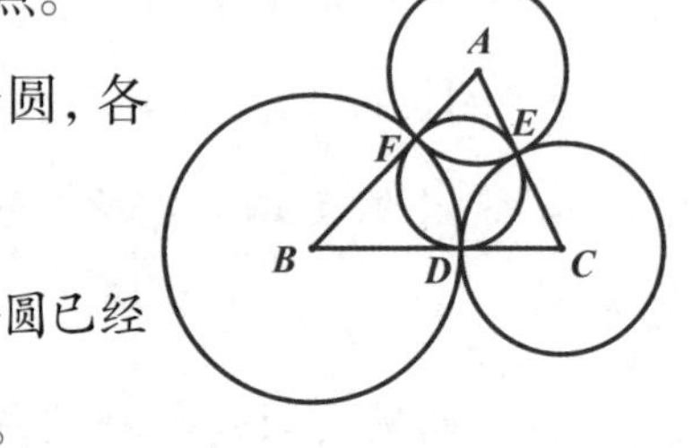


求作：两两相切的三个圆，各拿$A$、$B$、$C$做圆心。

解析 1.假定所求的三个圆已经作成，它们的切点是$D$、$E$、$F$。

2.因相切两圆的连心线过切点，所以$\triangle ABC$的三边被$D$、$E$、$F$所分，其中$AE=AF$，$BF=BD$，$CD=CE$。

3.又因$\triangle ABC$的各边假使被内切圆的切点所分，也有同样的关系，所以原题可变成一个极简易的作三角形的内切圆的问题。

作法和证明都省略，读者可自己补足。

讨论 上图是三个圆互相外切的一解，还有两个圆互相外切而同时内切于第三个圆的三解，它们的切点就是$\triangle ABC$的三个旁切圆的发点，所以一共有四解。假使$A$、$B$、$C$三点共线，就成不定问题。

〔范例28〕已知相离的三个等圆，求作一个圆和这三个圆外切（或内切）。

假设：相离的三个等圆$A$、$B$、$C$。

求作：一圆和圆$A$、$B$、$C$同时外切（或内切）。

解析 1.如果已知三等圆的半径是$r$，所求圆的圆心是$O$，半径是$x$，那么$OA=OB=OC=x+r$（或$x-r$）。

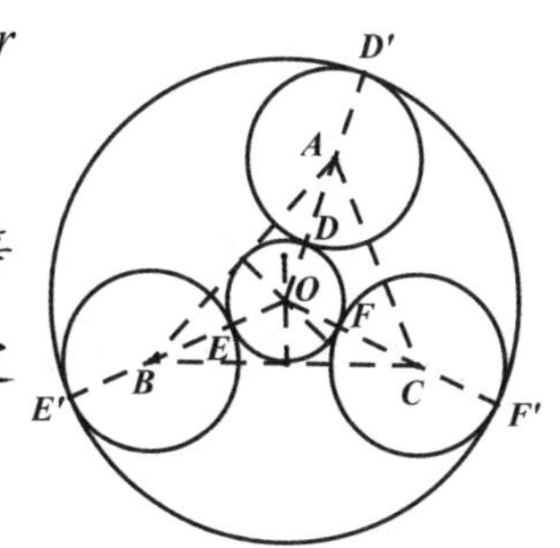


2.可见$O$点是$A$、$B$、$C$三点的等距离点，所以可把本题变成求两定点的等距离点的问题。

作法　1.求$A$、$B$、$C$三点的等距离点$O$。

2.连$OA$、$OB$、$OC$，交$A$、$B$、$C$三圆于$D$、$E$、$F$（或延长交于$D'$、$E'$、$F'$）。

3.拿$O$做圆心，$OD$（或$OD'$）做半径作圆，就是所求的圆。

简证　因$OA=OB=OC$，$AD=BE-CF$（或$AD'=BE'=CF'$），所以$OD=OE=OF$（或$OD'=OE'=OF'$），拿$O$做圆心，$OD$（$OD'$）做半径的圆必过$E$和$F$（或$E'$和$F'$）。

又因$O$点和已知三圆心的距离等于$\odot O$和已知圆半径的和（或差），所以$\odot O$和已知三圆都互相外切（或内切）。

讨论　$A$、$B$、$C$三点在一条直线上时没有解，否则常有一解。

## 研究题七

（1）求作两定圆的内公切线。

（2）不用旋转法，试解研究题四（4）。

（3）过相交两定圆的一交点$A$，求作一直线，割两圆于$B$、$C$，使$AB:AC$等于定比$m:n$。

（4）已知两圆，求作一直线发于一圆，而被另一圆截取定长的弦。

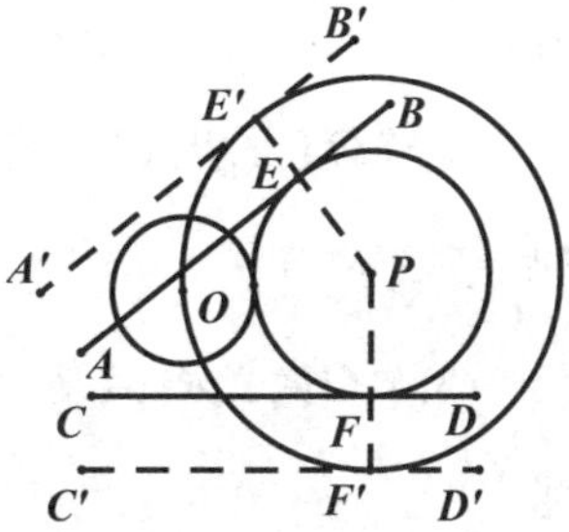

提示 设法把原题变成〔范例25〕。

（5）求作一圆$P$，使切于两定直线$AB$、$CD$，且切于一定圆$O$。

提示 假使$A'B'$、$C'D'$各是$AB$、$CD$的平行线，它们同$AB$、$CD$的距离等于$\odot O$的半径，那么可把本题变成研究题六（7）。

（6）作已知扇形的内切圆。

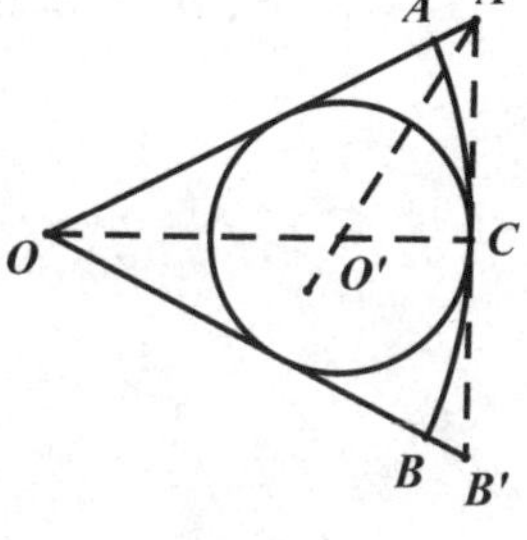

提示 过扇形弧$AB$的中点作切线，交两半径$OA$、$OB$的延长线于$A'$、$B'$，可以把本题变成作$\triangle OA'B'$的内

切圆的问题。

(7) 在已知圆内求作三个互相外切的等圆，使各内切于这一个已知圆。

提示 分已知圆为三上等扇形，变成(6)题。

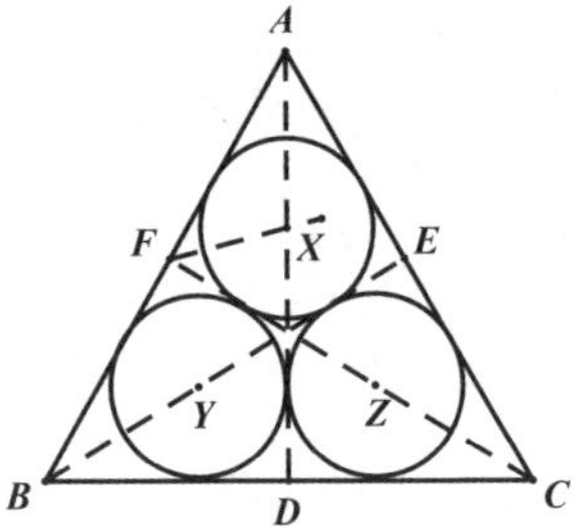

(8) 在已知正三角形内求作三个互相外切的等圆，使各和正三角形的两边相切。

提示 正三角形的三个高分原三角形成六个全等的直角三角形，在有公共斜边的每两个直角三角形合成的四边形内，各作一内切圆。

## 逆序作图法

人们做一件事，根据所需的目的，原该依某种顺序去做，但为了便利起见，往往会把顺序颠倒过来。譬如你家窗子上的窗帘布已经褪色，要想加些颜色上去，目的是要把颜色加到窗帘布上，但是因为手续不便，实际上必须把这块布从窗子上取下来，放到颜色里去，两者相互黏合之后，再挂到窗子上。这样不把颜色放到布里，反把布放到颜色里，次序恰巧相反。

在几何作图上也有类似于上述的情形。我们要想在一定位置的图形上作一具有某种性质的新图，往往无从着手，这时应该把次序逆转，先在任意位置作具有某种性质的新图，再把定位图的性质加在新图上，最后又移置于定位图上。这种方法叫作逆序作图法。

〔范例29〕假设$OX$、$OY$、$OZ$是从$O$所引的三射线，$m$、$n$

是定长。

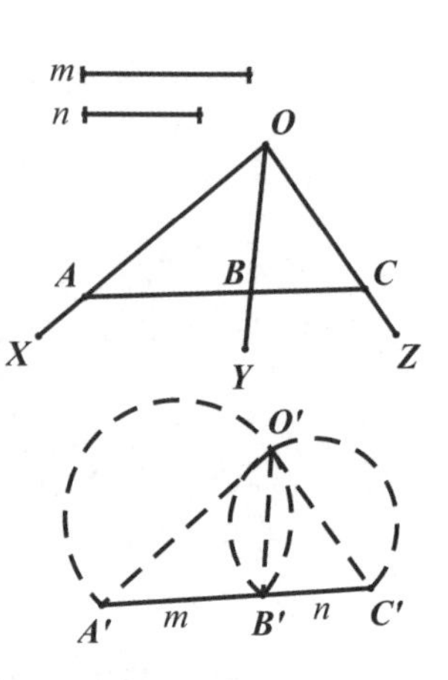


求作：一截线，顺次交$OX$、$OY$、$OZ$于$A$、$B$、$C$，使$AB=m$，$BC=n$。

解析　要想作$A$、$B$、$C$三点，使$AB=m$，$BC=n$，不易着手。但是要先在任意直线上取$A'B'=m$，$B'C'=n$，作$\angle A'O'B'=\angle XOY$，$\angle B'O'C'=\angle YOZ$，却很便利，所以要用逆序作图法。

作法　1.在任意直线上取$A'B'=m$，$B'C'=n$。

2.拿$A'B'$、$B'C'$做弦，各作一弓形弧，使它们所含的弓形角各等于$\angle XOY$、$\angle YOZ$，两弧相交于$O'$。

3.在$OX$、$OY$上取$OA=O'A'$、$OB=O'B'$，连$AB$，延长交$OZ$于$O$，那么$ABC$就是所求的直线。

简证　因$\triangle OAB \cong \triangle O'A'B'$（边、角、边），所以$AB=A'B'=m$。又因$\angle OBA=\angle O'B'A'$，所以$\angle OBC=\angle O'B'C'$，$\triangle OBS \cong \triangle O'B'C'$（角、边、角），$BC=B'C'=n$。

讨论　本题常有一解。

〔范例30〕求作已知三角形的内接三角形，使它的各顶点在已知三角形的各边上，同另一已知三角形全等。

假设：$\triangle ABC$和$\triangle PQR$。

求作：$\triangle ABC$的内接三角形，使它同$\triangle PQR$全等，$P$、$Q$、$R$的对应点各在$BC$、$CA$、$AB$上。

解析　要使$\triangle PQR$内接于$\triangle ABC$，不易着手，但要使$\triangle ABC$外接于$\triangle PQR$却很便利，所以用逆序作图法。

作法　1.拿$\triangle PQR$的两边$PQ$、$PR$做弦，各作一弓形弧，使它们所含的弓形角各等于$\angle C$、$\angle B$。

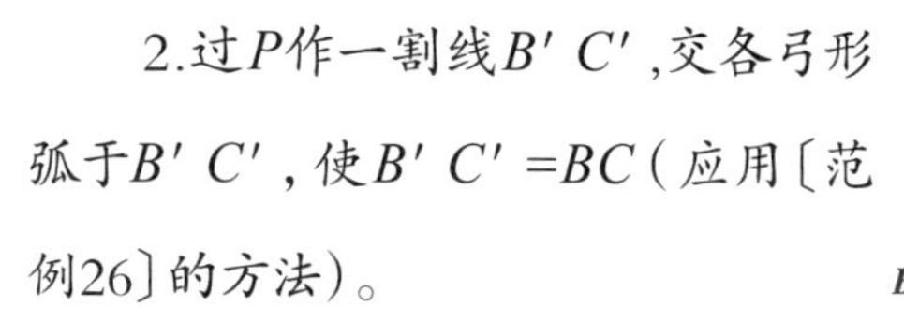

2.过$P$作一割线$B'C'$，交各弓形弧于$B'C'$，使$B'C'=BC$（应用〔范例26〕的方法）。

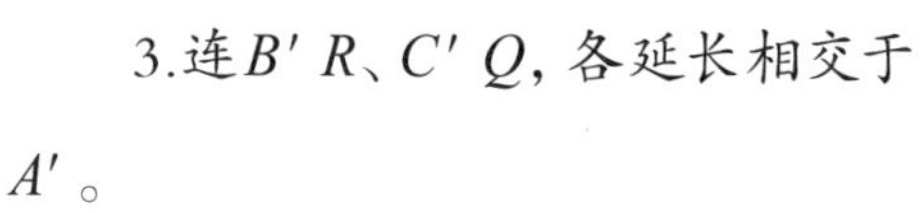

3.连$B'R$、$C'Q$，各延长相交于$A'$。

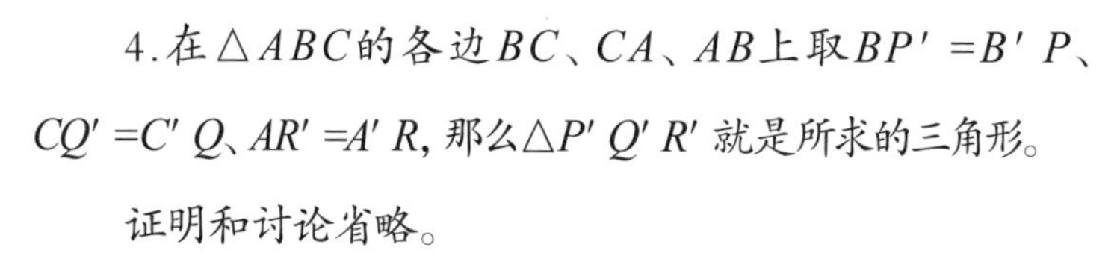

4.在$\triangle ABC$的各边$BC$、$CA$、$AB$上取$BP'=B'P$、$CQ'=C'Q$、$AR'=A'R$，那么$\triangle P'Q'R'$就是所求的三角形。

证明和讨论省略。

## 研究题八

（1）有从一点所引的三射线，求作一正三角形，使它的三顶点各在一射线上，而各边等于定长。

（2）有从一点所引的三射线，求作一三角形，使它的三顶点各在一射线上，同已知三角形全等。

（3）在定角$XOY$的两边上各求一点$A$、$B$，使$AB$等于定长$l$，而$O$和$AB$的距离等于定长$h$。

提示　先拿$l$做底，$h$做高，作一顶角等于$\angle XOY$的三角形。

（4）在定角$XOY$的两边上各求一点$A$、$B$，使$AB$等于定长$l$，而$OA+OB$等于定长$m$。

## 面积割补法

关于面积的作图，多数是等积变形的问题，就是要改变直线形的形状，但不许改变它的面积。这种问题除一部分须用代数解析（详见下节）外，通常可应用定理“两三角形同底而顶点都在底的一条平行线上，那么一定等积”，就是“同底等高的两三角形面积相等”，在原形上割下一三角形，再利用平行线补以同底等高的另一三角形，使面积不变，而成所需的另一形状。打一个比方，好像沿江的沙滩，受到暴风雨的侵袭，往往西面塌掉一块，东面涨起一块，地形虽变，但面积不变。这样的作图方法叫作面积割补法。

〔范例31〕在已知底边上求作三角形，使它的面积等于已知的三角形，而一底角等于已知角。

假设：$\triangle ABC$，定角$\alpha$，定长$l$。

求作：三角形，使它的底边等于$l$，一底角等于$\alpha$，面积等

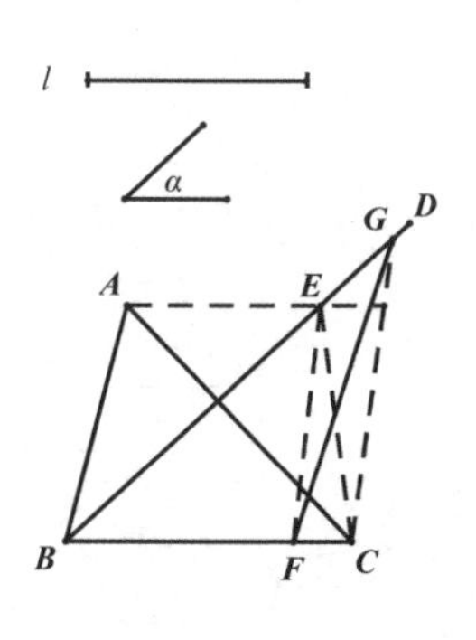


于$\triangle ABC$。

解析省略。

作法 1.先作与$\triangle ABC$成同底而一底角等于$\alpha$的三角形，作$BD$，使$\angle DBC=\alpha$，过$A$作$AE/\!/BC$，交$BD$于$E$，连$EC$，得$\triangle EBC$。

2.再把$\triangle EBC$的底$BC$变成$l$长，在$BC$上取$BF=l$，连$EF$（无异是割下$\triangle EFC$），从$C$作$CG/\!/FE$，交$BD$于$G$，连$FG$（无异是补以$\triangle EFG$），得所求的$\triangle BFG$。

简证 因$\triangle EFG=\triangle EFC$（同底等高），两边各加$\triangle BFE$，得$\triangle BFG=\triangle EBC$。但$\triangle ABC=\triangle EBC$（同底等高），代得$\triangle BFG=\triangle ABC$。

讨论 本题常有一解。

〔范例32〕过已知三角形一边上的一定点，求作一直线平分它的面积。

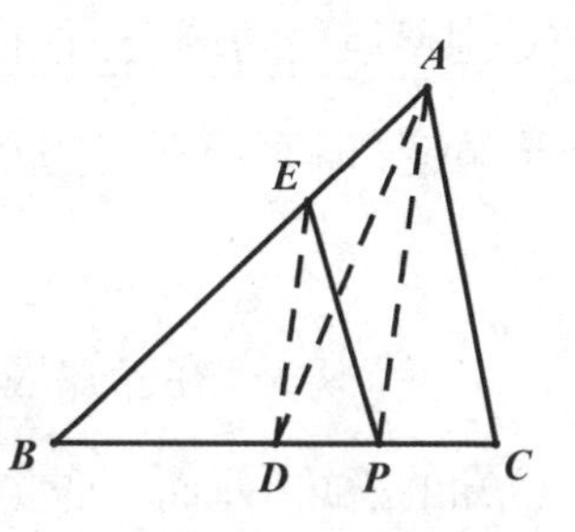


假设：$\triangle ABC$的$BC$边上有一定点$P$。

求作：过$P$的一直线，平分$\triangle ABC$。

解析一 因三角形的中线平分面积，所以可先作中线$AD$，形成等于$\frac{1}{2}\triangle ABC$的$\triangle ABD$，然后在$\triangle ABD$上割去$\triangle AED$，补以同底等高的$\triangle PED$即可。

作法一 作中线$AD$，连$AP$，过$D$作$DE/\!/PA$，交$AB$于$E$，连$PE$，就是所求的平分线。

简证 因$\triangle PED=\triangle AED$，两边各加$\triangle EBD$，得$\triangle EBP=\triangle ABD$。又因$\triangle ABD=\frac{1}{2}\triangle ABC$，所以$\triangle EBP=\frac{1}{2}\triangle ABC$。

讨论 上法是假定$BP>PC$时的情形，假使$BP<PC$，那么过$D$所作$PA$的平行线交$AC$于$E$，其余没有什么两样。假使$BP=PC$，那么只须连$AP$即可。本题常有一解。

解析二 因三角形的中线平分面积，所以可设法造一个同$\triangle ABC$等积的$\triangle EBD$，使它拿$P$做底边的中点，顶点$E$在$AB$上，就得所求的$EP$直线。

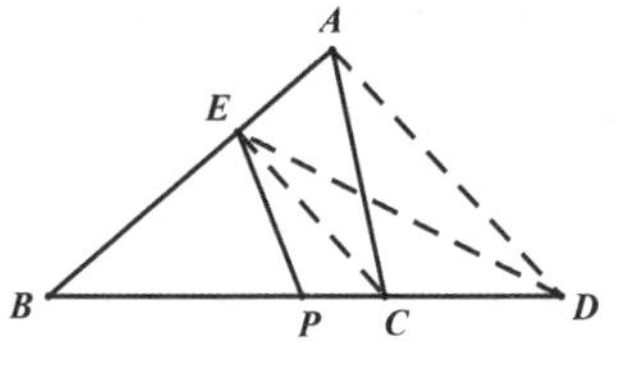


作法二 延长$BC$到$D$，使$PD=BP$，连$DA$，从$C$作$CE/\!/DA$，交$AB$于$E$，连$EP$，就是所求的平分线。

证明和讨论省略。

注意 假使作$AB$边上的中线，仿作法一也可以解。又仿作法二，使$P$做等积三角形的顶点，$E$做底边中点也可以。读者试自行研究。

〔范例33〕在已知三角形内求一点，和各顶点连接，使这三条连接线把原形分成2∶3∶4的三部分。

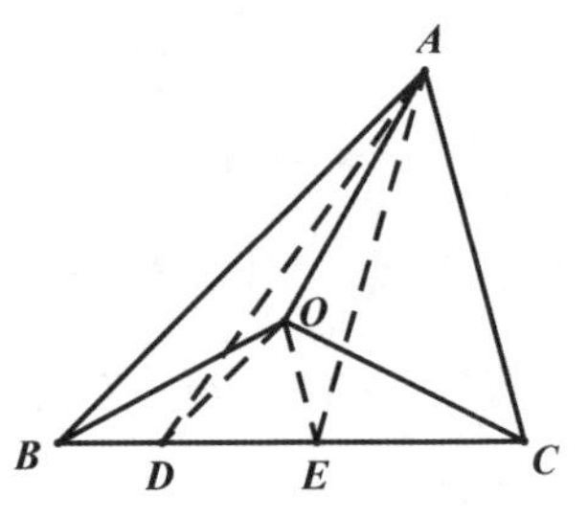


假设：$\triangle ABC$。

求作：$\triangle ABC$内的一点$O$，使$\triangle ABO : \triangle BCO : \triangle CAO=2:3:4$。

解析 1.如果要从$A$引两直线，把$\triangle ABC$分成2∶3∶4的三部分，那是很容易的，只须分$BC$于$D$、$E$，使$BD:DE:EC=2:3:4$，然后连$AD$和$AE$即可。

2.$\triangle ABD$是$\triangle ABC$的$\frac{2}{9}$，所求的$\triangle ABO$也是$\triangle ABC$的$\frac{2}{9}$，而这两个三角形有公共的底$AB$，所以顶点$D$和$O$必同在$AB$的一条平行线上，即所求的$O$点在过$D$而平行于$AB$的直线上。

3.同理，所求的$O$点又在过$E$而平行于$AC$的直线上。

作法 1.分$BC$于$D$、$E$，使$BD:DE:EC=2:3:4$。

2.过$D$作$AB$的平行线，过$E$作$AC$的平行线，两直线相交于$O$，这$O$点就是所求的点。

简证 连接AD和AE，那么

$\triangle ABD : \triangle ADE : \triangle AEC=BD:DE:EC=2:3:4$（等高三角形面积的比等于底的比）。

因$\triangle ADO=\triangle BDO$，$\triangle AEO=\triangle CEO$（同底等高的两三角形等积），所以$\triangle ADE=\triangle BCO$（割补）。

又因$\triangle ABD=\triangle ABO$, $\triangle AEC=\triangle ACO$, 代入开首的式中, 得$\triangle ABO:\triangle BCO:\triangle CAO=2:3:4$。

讨论 本题常有一解。

## 研究题九

(1) 求作一多边形，使其边数较已知多边形少一条，而和已知多边形等积。

(2) 变已知多边形成等积的三角形。

(3) 过三角形一边上的一个定点，求作两直线，分原三角形成等积的三部分。

(4) 过四边形的一顶点，求作一直线，分原四边形成等积的两部分。

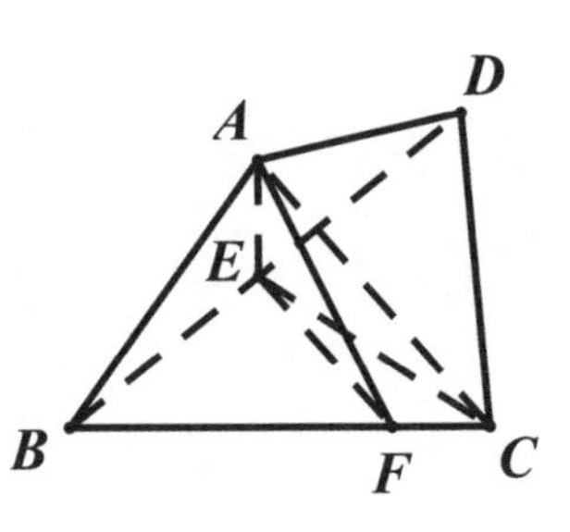


提示　一法是先变四边形成三角形。另一法如图，取对角线$BD$的中点$E$，在四边形$AECD$上割去$\triangle ACE$，补以$\triangle ACF$。

(5) 过四边形的一顶点，求作两直线，分原四边形分成等积的三部分。

(6) 过四边形一边上的一个定点，求作一直线，分原四边形成等积的两部分。

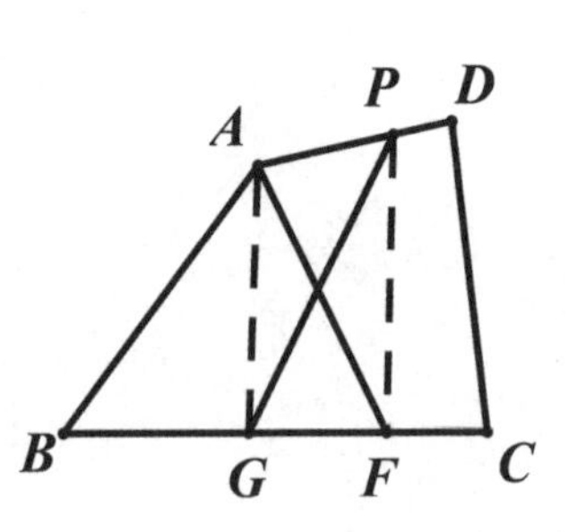


提示　一法是先变四边形成用所设定点做一顶点的三角形。另

一法如图，先照（4）题从一顶点$A$作$AF$平分四边形，再在四边形$ADCF$上割去$\triangle APF$，补以$\triangle GPF$。

（7）过四边形一边上的一个定点，求作两直线，分原四边形成等积的三部分。

（8）已知四边形$ABCD$，又过$CD$边上的$P$点有一直线$EF$平行于$AB$。求用$AB$做一底作一梯形，使另一底在$EF$上，和$ABCD$等积。

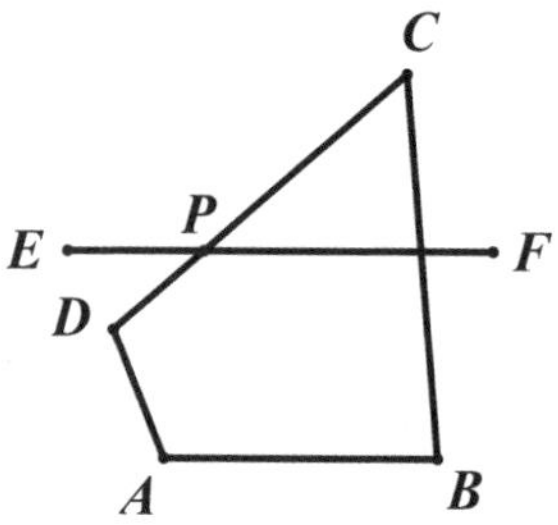

（9）在$\triangle AEC$内求一点$O$，使$AO$、$BO$、$CO$分原形成等积的三部分。

（10）在$\triangle ABC$内求一点$O$，使$AO$、$BO$、$CO$分原形成$m:n:p$的三部分。

## 代数解析法

关于求作线段的基本作图法，如求几条已知线段的和或差，求一已知线段的若干倍或若干分之一，还有求已知三线段的比例第四项以及求已知两线段的比例中项等，大家一定都很熟悉了。现在因为有许多作图题，必须先行求得某一线段的长，然后才能作出所需的图形，所以这里还要把这几种基本作图法重新归纳整理一下，以备应用。

在许多作图题里，要应用代数方法，以$x$、$y$、$z$……表示未知线段，$a$、$b$、$c$……表示已知线段，根据题设的条件或已知的定理列成方程，再依法解出来。凡求得的根能成如下的形式的，都可利用基本作图法作出该未知线段。

（1）$x=a+b$〔求$a$、$b$的和，就得$x$〕。

（2）$x=a-b$〔求$a$、$b$的差，就得$x$〕。

（3）$x=ma$〔$m$是正整数，求$a$的$m$倍就是$x$〕。

（4）$x=\frac{a}{m}$〔分$a$成$m$等分，每一分就是$x$〕。

（5）$x=\frac{bc}{a}$〔就是$a:b=c:x$，所以求$a$、$b$、$c$的比例第四项就是$x$〕。

（6）$x=\sqrt{ab}$〔就是$a:x=x:b$，求$a$、$b$的比例中项即可〕。

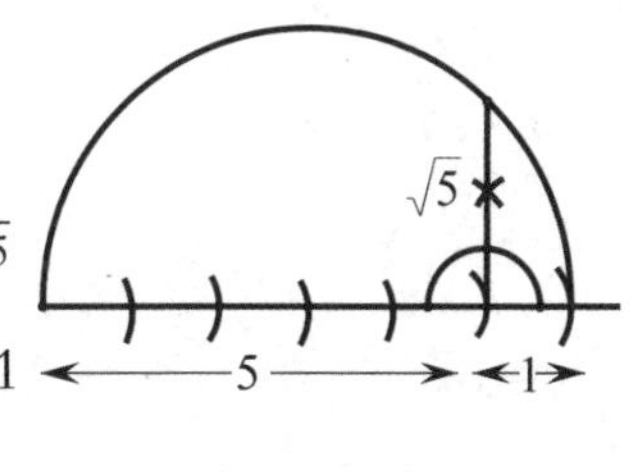


如欲作线段等于$\sqrt{5}$，可化$\sqrt{5}$成$\sqrt{5\times1}$，如图用基本作图法求5和1的比例中项即可。

（7）$x=\sqrt{a^2+b^2}$〔就是$x^2=a^2+b^2$，作一个用$a$、$b$做两直角边的直角△，它的斜边就是$x$〕。

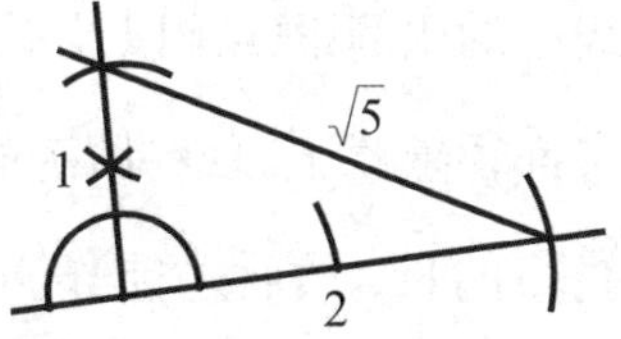


如欲作线段等于$\sqrt{5}$，可化成$\sqrt{1^2+2^2}$，如图在直角的两边上各取1个单位长和2个单位长，连两个端点即可。如果化$\sqrt{5}$成$\sqrt{3^2-2^2}$，还可应用下条所举的基本作图法，读者可自己求解。

（8）$x=\sqrt{a^2-b^2}$〔就是$x^2=a^2-b^2$，作一个拿$a$做斜边，$b$做一直角边的直角△，它的另一直角边就是$x$〕。

从上面举的八种基本线段作图法，可推广而得各种线段作图题的解法，叫作代数解析法。

〔范例34〕假设：线段$a$，$b$，$c$，$d$，$e$。

求作：线段$x$，使等于

$(a)\ \frac{abc}{de}$，$(b)\ \sqrt{a^2+be}$，$(c)\ a\sqrt{\frac{2b}{c}}$，$(d)\ \sqrt{3a^2-\frac{b^2}{2}}$

解析　(*a*)因 $x=\frac{abc}{de}=\frac{ab}{d}\times\frac{c}{e}=\frac{\frac{ab}{d}\times c}{e}$，所以可设 $y=\frac{ab}{d}$，得 $x=\frac{yc}{e}$。

作法　(*a*)先求*d*、*a*、*b*的比例第四项得*y*，再求*e*、*y*、*c*的比例第四项，就是所求的*x*。

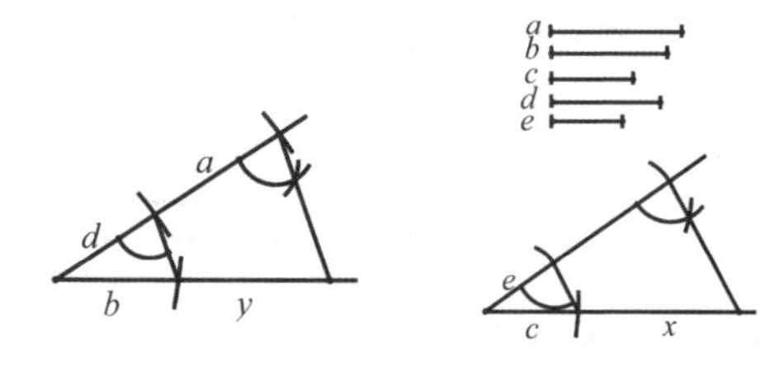


解析　(*b*)因 $x=\sqrt{a^2+bc}=\sqrt{a^2+(\sqrt{bc})^2}$，所以可设 $y=\sqrt{bc}$，得 $x=\sqrt{a^2+y^2}$。

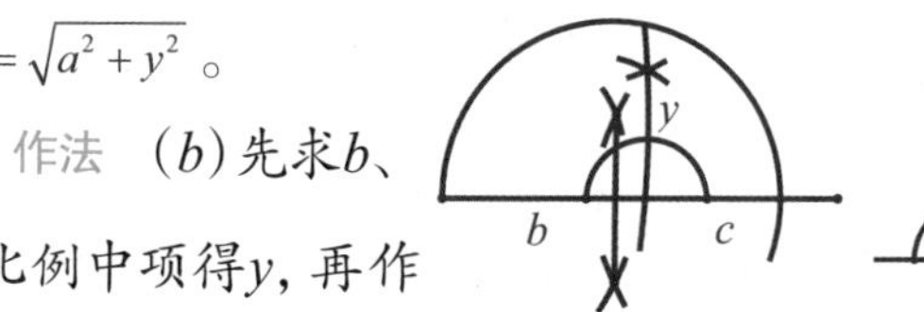


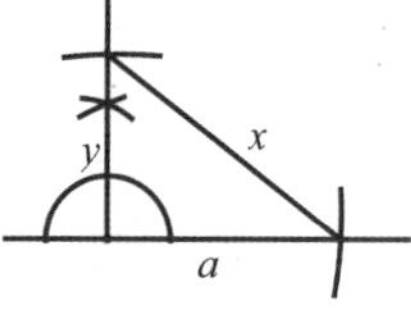


作法　(*b*)先求*b*、*c*的比例中项得*y*，再作直角△使它的两直角边分别等于*a*和*y*，那么斜边就是所求的*x*。

解析　(*c*)因 $x=a\sqrt{\frac{2b}{c}}=\sqrt{\frac{2a^2b}{c}}=\sqrt{2a\times\frac{ab}{c}}$，所以可设$y=2a$，$z=\frac{ab}{c}$，就得$x=\sqrt{yz}$。

作法　(*c*)先作*a*的2倍得*y*，再作*c*、*a*、*b*的比例第四项得*z*，然后作*y*、*z*的比例中项，就是所求的*x*(图略)。

解析　($d$)因 $x=\sqrt{3a^2-\frac{b^2}{2}}=\sqrt{(\sqrt{3a^2})^2-(\sqrt{\frac{b^2}{2}})^2}$，所以可设 $y=\sqrt{3a^2}=\sqrt{3a\times a}$，$z=\sqrt{\frac{b^2}{2}}=\sqrt{\frac{b}{2}\times b}$，就得 $x=\sqrt{y^2-z^2}$。

作法　($d$)先作$3a$、$a$的比例中项得$y$，再作$\frac{B}{2}$、$b$的比例中项得$z$，最后作直角△，使它的斜边等于$y$，一直角边等于$z$，那么另一直角边就是所求的$x$(图略)。

注意　应用代数解析法的时候，因为证明是解析的逆序，所以普通都只写解析，省去证明。

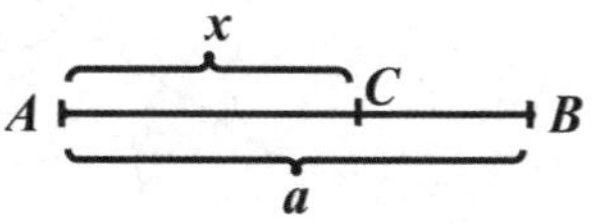

〔范例35〕假设：线段$AB=a$。

求作：$a$的一部分$AC=x$，使$x^2=a(a-x)$。

解析　1.假定$C$点已经求得，那么$x^2=a(a-x)$，就是$x^2+ax=a^2$。

2.把上列二次方程的左边配成完全平方，就是两边各加$(\frac{a}{2})^2$，得 $x^2+ax+(\frac{a}{2})^2=a^2+(\frac{a}{2})^2$。

3.开平方得 $x+\frac{a}{2}=\sqrt{a^2+(\frac{a}{2})^2}$。

4.∴ $x=\sqrt{a^2+\left(\frac{a}{2}\right)^2}-\frac{a}{2}=\sqrt{\frac{5a^2}{4}}-\frac{a}{2}=\frac{a}{2}(\sqrt{5}-1)$。

作法　1.从$B$作$AB$的垂线，在该垂线上取$BD=\frac{a}{2}$，连$DA$。

1.从勾股定理，知 $DA=\sqrt{a^2+\left(\frac{a}{2}\right)^2}$。

2.在$DA$上取$DE=\frac{a}{2}$。

3.在$AB$上取$AC=AE$,

〔$AC=\sqrt{a^2+(\frac{a}{2})^2}-\frac{a}{2}$〕。

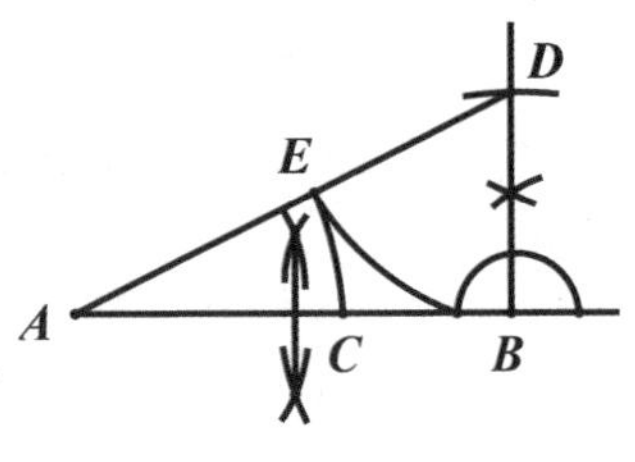


4.那么$AC$就是所求的$x$(只有一解)。

注意　上例中的$x^2=a(a=x)$,就是$a:x=x:(a-x)$,这$a$中的较大线分$x$是比例中项,全线$a$同较小线分$a-x$是两外项,分$AB$于$C$,使适合这样的条件,叫作分$AB$成外中比,这是一个有名的作图题,叫作黄金分割法。

要解等积变形的问题,除用前述的割补法外,又可用代数解析法,举例在下面:

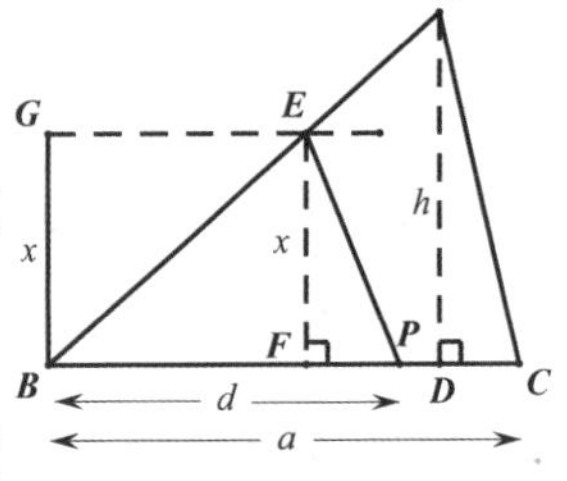


〔范例36〕用代数解析法解〔范例32〕。

假设:$\triangle ABC$的$BC$边上有一定点$P$。

求作:过$P$的一直线,平分$\triangle ABC$。

解析一　1.假定$PE$是所求的直线,那么从所设的条件得$\frac{1}{2}\triangle ABC=\triangle EBP$。

2.$\triangle ABC$的底$BC=a$,高$AD=h$,都是已知长,$\triangle EBP$的底$BP=d$,也是已知长,假使能够求到高$EF=x$的长,那么$e$点

就很容易求到。

3.从三角形求积的定理，知$\triangle ABC=\frac{1}{2}ah$，$\triangle EBP=\frac{1}{2}dx$，代入1，得$\frac{1}{2}\times\frac{1}{2}ah=\frac{1}{2}dx$，就是$ah=2dx$，$x=\frac{ah}{2d}$。

作法一 1.得$2d$、$a$、$h$的比例第四项，得$x$。

2.作$BC$的垂线$BG$，使等于$x$。从$G$作$GE/\!/BC$，交$AB$于$E$。

3.连$PE$，就是所求的直线。

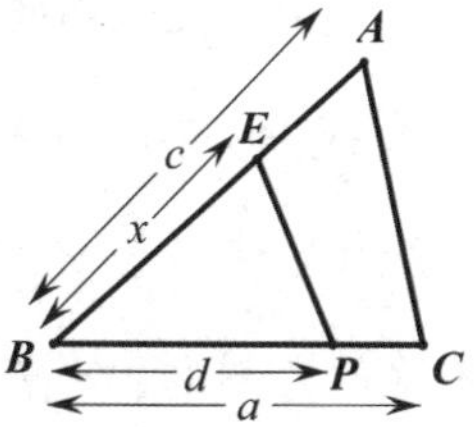

解析二 1.假定$PE$是所求的直线，那么从所设的条件知$\triangle ABC:\triangle EBP=2:1$。

2.因$\triangle ABC$和$\triangle EBP$有一公共角$B$，在$\triangle ABC$中夹$\angle B$的两边已知是$a$和$c$，在$\triangle EBP$中夹$\angle B$的两边，一是已知的$d$，另一是未知的$x$，假使能够求到$x$，那么$E$点也可以求到。

3.根据定理，知道$\triangle ABC$和$\triangle EBP$的面积的比等于夹公共角的两边的积的比，就是$\triangle ABC:\triangle EBP=ac:dx$。

4.比较1、3两式，得$ac:dx=2:1$，就是$2dx=ac$，$x=\frac{ac}{2d}$。

作法二 1.求$2d$、$a$、$c$的比例第四项，得$x$。

2.在$AB$上取$E$点，使$BE=x$。

3.连$PE$，就是所求的直线。

〔范例37〕求作已知三角形的相似三角形，使它的面积等于已知三角形的三分之二。

假设：$\triangle ABC$。

求作：一三角形同$\triangle ABC$相似，且等于$\triangle ABC$的$\frac{2}{3}$。

解析 1.因三角形任何一边的平行线截下的三角形同原三角形相似，所以只须作$BC$的平行线$B'C'$，那么$\triangle AB'C \backsim \triangle ABC$。

2.假定$\triangle AB'C'$是所求的三角形，那么$\triangle AB'C'=\frac{2}{3}\triangle ABC$，就是$\triangle ABC:\triangle AB'C'=3:2$。

3.要想作出$B'C'$，只须求$AB'=x$的长。但$x$的对应边$AB=c$是已知长，从定理“相似△的比等于对应边的平方比”，得$\triangle ABC:\triangle AB'C'=c^2:x^2$。

4.比较2、3两式，得$c^2:x^2=3:2$，所以$x^2=\frac{2c^2}{3}$，$x=\sqrt{2c\times\frac{c}{3}}$。

作法 1.求$2C$和$\frac{c}{3}$的比例中项$x$。

2.在$AB$上取$B'$点，使$AB'=x$。

3.从$B'$作$B'C' /\!/ BC$，交$AC$于$C'$。

4.那么$\triangle AB'C'$就是所求的三角形（只有一解）。

利用代数解析法，除可解等积变形问题外，又可解其他的问题。下面再举几个例子：

〔范例38〕用代数解析法解〔范例22〕。

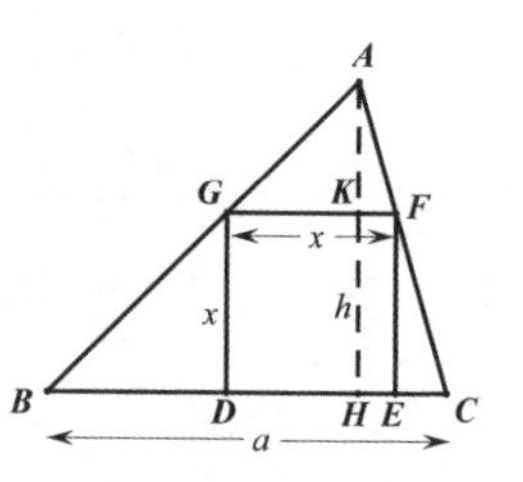


假设：$\triangle ABC$。

求作：内接正方形。

解析　1.假定$DEFG$是所求的正方形。

2.作$AH\perp BC$，交$CF$于$R$。设$GF=x$，那么$HK=EF=GF=x$。又设$BC=a$，$AH=h$，因$\triangle ABC\backsim\triangle AGF$，所以$AH:AK=BC:GF$，就是$h:(h-x)=a:x$。

3.应用更比定理，得$h:a=(h-x):x$。

4.应用合比定理，消去上式第三项里的$x$，得$(h+a):a=h:x$。

作法　1.作$AH(h)\perp BC(a)$。

2.求$h+a$、$a$、$h$的比例第四项$x$。

3.在$AH$上取$KH=x$。

4.过$K$作$GF/\!/BC$，交两边于$G$、$F$。从$G$、$F$各作$BC$的垂线$GD$、$FE$，那么$DEFG$就是所求的内接正方形。

〔范例39〕求作已知圆的内接正十边形。

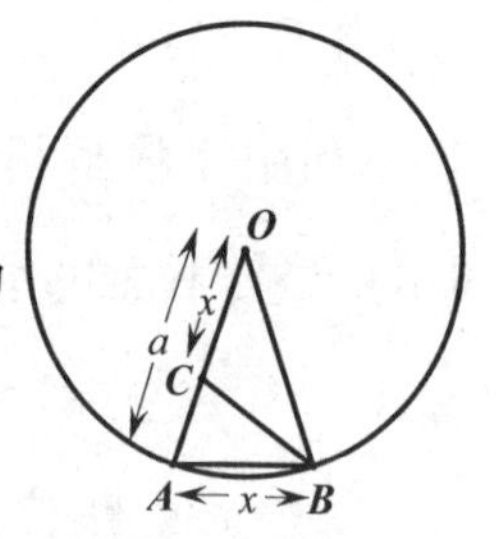


假设：圆$O$。

求作：内接正十边形。

解析　1.假定$AB$是内接正十边形的一边。

2.连$OA$、$OB$，那么$\angle O=\frac{1}{10}\times360^\circ=36^\circ$。因$OA=OB$，所以$\angle A=\angle B=\frac{1}{2}(180^\circ+36^\circ)=72^\circ$。

3.作$BO$平分$\angle B$，交$OA$于$C$，那么$\angle OBC=\angle ABC=36^\circ$，$\angle BCA=\angle O+\angle OBC=72^\circ$。于是知道$\triangle OAB\backsim BAC$，$OA:AB=AB:AC$。

4.设$OA=a$，$AB=x$，因$OC=BC=AB$，所以$AC=OA-OC=a-x$，代入3，得$a:x=x:a-x$，就是$x^2=a(a-x)$，可应用〔范例35〕的黄金分割法求$x$。

作法 1.作任意半径$OA$。

2.分$OA$于$C$，使成外中比。

3.拿$A$做圆心，$OA$上的长线分$OC$做半径画弧，截圆于$B$，那么$AB$就是所求的内接正十边形的一边。同样方法在圆上截各点，可得所求的内接正十边形的其他各边。

讨论 本题是不定位置的问题，所以只有一解。

注意 假使把内接正十边形的十个角顶一间一连接，就得内接正五边形，这个图形的五条对角线所围成的，就是正五角星。

〔范例40〕从定圆外的一定点求作圆的一割线，使它的圆外部分同圆内部分相等。

假设：定圆$O$外有一定点$P$。

求作：割线$PAB$，使$PA=AB$。

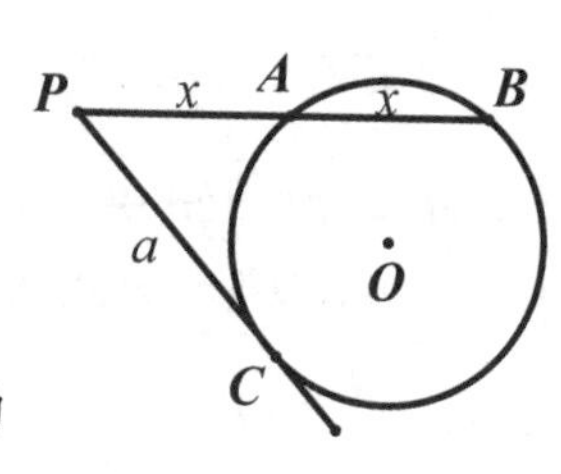


解析 1.假定割线$PAB$已经作成，那么$PA=PB$。

2.从$P$作圆的切线$PC$，那么它的长$a$是已知的。

3.设$PA=AB=x$，那么$PA\times PB=\overline{PC}^2$，就是$x\times 2x=a^2$，$x=\sqrt{\frac{a^2}{2}}$。

作法 1.从$P$作圆的切线$PC=a$。

2.求$a$和$\frac{a}{2}$的比例中项$x$。

3.拿$P$做圆心，$x$做半径画弧，交$\odot O$于$A$。

4.连$PA$，延长交圆于$B$，那么$PAB$就是所求的割线。

讨论 因为拿$P$做圆心，$x$做半径的弧同$\odot O$有两个交点，所以通常有两个解答。但是这个弧同$\odot O$相切时只有一解，不相遇时就没有解。

〔范例41〕求作底的平行线，平分已知梯形的面积。

假设：梯形$ABCD$，$AD/\!/BC$。

求作：直线$EF/\!/BC$，平分梯形面积。

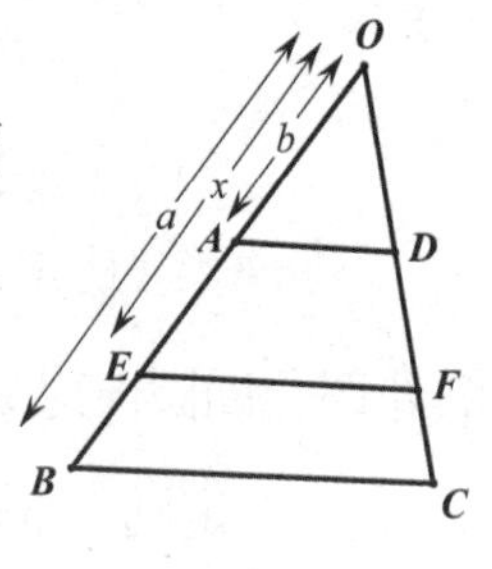


解析 延长$BA$、$CD$相交于$O$，那么$\triangle OBC\backsim\triangle OEF\backsim\triangle OAD$。

设$OB=a$，$OA=b$，$OE=x$，那么$\frac{S_{\triangle OBC}}{S_{\triangle OEF}}=\frac{a^2}{x^2}$，$\frac{S_{\triangle OAD}}{S_{\triangle OEF}}=\frac{b^2}{x^2}$。

$\therefore\therefore \frac{S_{\triangle OBC}+S_{\ OAD}}{S_{\triangle OEF}}=\frac{a^2+b^2}{x^2}$。

但S△OBC+S△OAD=S△OEF+S梯形EBCF+S△OAD

=S△OEF+S梯形AEFD+S△OAD=2S△OEF。

$\therefore \frac{a^2+b^2}{x^2}=\frac{2}{1}$，$2x^2=a^2+b^2$，$x=\sqrt{\frac{a^2}{2}+\frac{b^2}{2}}$。

设$y=\sqrt{\frac{a^2}{2}}$，$z=\sqrt{\frac{b^2}{2}}$，那么$x=\sqrt{y^2+z^2}$。

作法 1.求$a$、$\frac{a}{2}$的比例中项，得$y$；求$b$、$\frac{b}{2}$的比例中项，得$z$。

2.拿$y$、$z$做两直角边，作直角△，设斜边的长是$x$。

3.在$OB$上取$OE=x$，作$EF//BC$就得。

讨论 本题常有一解。

〔范例42〕在已知矩形内作两个互相外切的等圆，使各切于该矩形一组对角的两边。

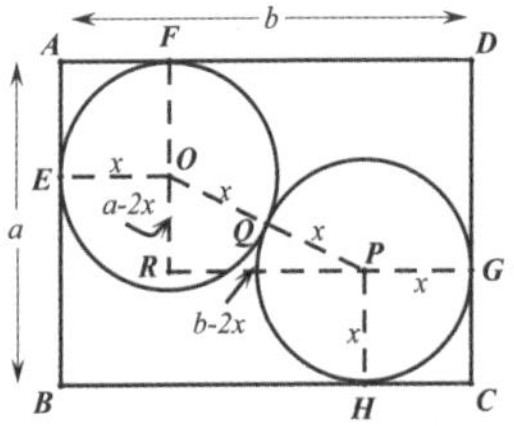

假设：矩形$ABCD$。

求作：两个互相外切的等圆，各在矩形内切于$\angle A$、$\angle C$的两边。

解析 假使所求的两圆$O$、$P$互相外切于$Q$，$\odot O$切$\angle A$的两边于$E$、$F$；$\odot P$切$\angle C$的两边于$G$、$H$，又这两个圆的半径是$x$，那么$AEOF$、$CGPH$都是边长是$x$的正方形，且$OP=2x$。

设$AB=a$，$AD=b$，延长$FO$、$GP$相交于$R$，那么

$\angle R=90°$，$OR=a-2x$, $PR=b=2x$。从勾股定理得方程

$$(a-2x)^2+(b-2x)^2=(2x)^2。$$

解得 $x=\frac{(a+b)\pm\sqrt{2ab}}{2}$

因为$X$不能大于$\frac{1}{2}(a+b)$，所以上式中的加号不适用。

作法和讨论省略。

## 研究题十

(1) 求作已知三角形一边的平行线，平分三角形的面积。

(2) 求作一正三角形，使它同已知三角形等积。

(3) 在$\triangle ABC$的两边$AB$、$AC$上截取等长的$AD$、$AE$，使$\triangle ADE=\frac{1}{3}\triangle ABC$。

(4) 求作一正方形，使它同已知梯形等积。

(5) 求作一正三角形，使它同已知正方形等积。

(6) 求作一三角形，使它同已知三角形相似，又同另一已知三角形等积。

(7) 求作一正三角形的内接正三角形，使它的边各垂直于已知三角形的边。

(8) 求作直径是$d$的已知圆的内接矩形，使它的面积等于每边是$a$的已知正方形。

提示 设所求矩形的顶点同对角线的距离是$x$。

(9) 从已知圆外的一个已知点，求作一割线，使它被圆周分成已知比。

提示 设从已知点所引圆的切线长$a$，已知比是$m:n$，所求割线的圆外部分是$x$，那么圆内部分是$\frac{m}{n}x$，由方程可得$x=\sqrt{\frac{na}{m+n}+a}$。

（10）过定圆内的一个定点求作一弦，使被该点分成2∶1的两部分。

（11）求作一圆过两个定点，且切于一定直线。

提示　延长两定点的连接线，同定直线相交，设法求直线上切点的位置。

（12）仿上题，并应用翻折法解研究题六（7）。

（13）求作一圆过两定点，且交于一定直线，使在这条线上截取定长的弦。

提示　用代数解析，可得一二次方程，和〔范例35〕的方程同型。

（14）在已知圆直径的延长线上求一点，使从这点所引圆的切线等于直径。

提示　设圆的半径是$r$，所求点同圆心的距离是$x$，那么$(x+r)(x-r)=(2r)^2$。

（15）已知三角形的底是$a$，高是$h$，求作周长是$2p$的内接矩形，使它的一边在三角形的底上。

（16）作已知半圆的内接正方形，使它的一边在直径上。

提示　设半圆的半径是$r$，直径上一顶点同圆心的距离是

$x$，那么正方形的边长是$2x$，利用勾股定理列方程。

(17)在边长是$a$的已知正方形内，求作边长是$b$的内接正方形。

(18)求作一矩形，使它同已知矩形等周，又同另一已知矩形等积。

提示　设已知矩形的周长是$2p$，另一已知矩形的底是$b$，高是$h$，所求矩形的底是$x$，那么高是$p-x$，得方程$x(p-x)=bh$。

(19)在▱$ABCD$中，$AB=a$，$BC=b$，求作一直线$EF$平行于$AB$，使分成的两个平行四边形$ABFE$和$DEFC$相似。

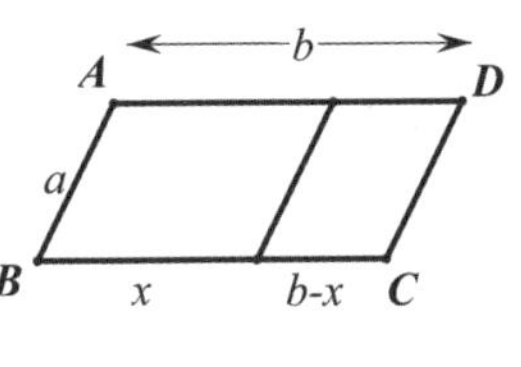


提示　设$BF=x$，那么$a:x=(b-x):a$，须注意$b<2a$时没有解。

(20)求作已知菱形的内接矩形，使它的边平行于菱形的对角线，且面积等于它的三分之一。

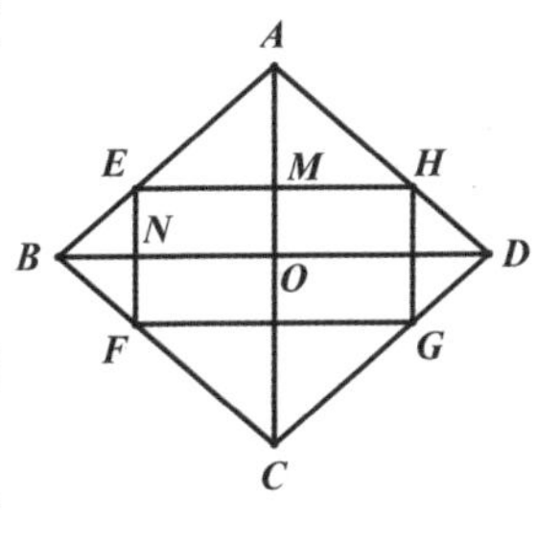


提示　菱形$ABCD$的对角线相交于$O$，所求矩形$EFGH$的二边交$AO$、$BO$于$M$、$N$。设$AO=a$，$BO=b$，$MO=x$，$NO=y$，那么由

方程$xy=\frac{1}{6}ab$……(1)，$(a-x):a=y:b$……(2)，消去$y$，得$6x^2-6ax+a^2=0$，解得$x=\frac{3a\pm\sqrt{3a^2}}{6}$。

# 利用比例线段法

关于比例线段的许多定理，除了可以利用它们来作代数解析，借此得到作图题的解法以外，也可以直接用来解决许多作图题，下面就是这样的例子。

〔范例43〕假设：$\angle AOB$内有一点$P$，又已知比$m:n$。

求作：一直线过$P$，交$OA$、$OB$于$C$、$D$，使$PC:PD=m:n$。

解析一　如果过$P$的一直线$C'D'$交$OB$于$D'$，而$PD'=n$，$PC'=m$，那么$PC:PD=PC':PD'$。但$\angle CPC'=\angle DPD'$，所以由定理

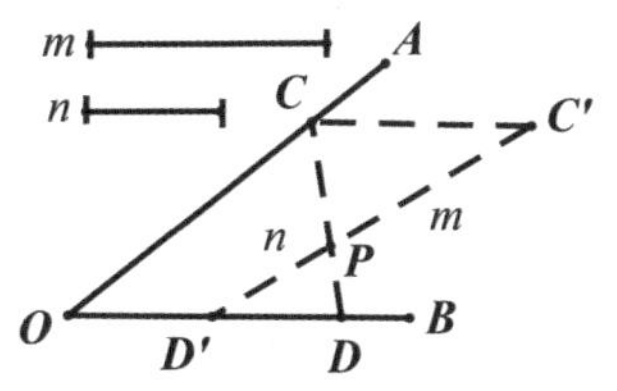


"两△一角相等，而夹等角的边成比例，那么两△形相似"，知$\triangle PCC'\backsim\triangle PDD'$，$\angle PCC'=\angle PDD'$，$CC'/\!/OB$。

作法一　拿$P$做圆心，$n$做半径作弧，交$OB$于$D'$，连$D'P$，延长到$C'$，使$PC'=m$，过$C'$引$OB$的平行线，交$OA$于$C$。连

$CP$，延长交$OB$于$D$，就是所求的直线（如果$n$太短，用上法不能得$D'$点，可使$PD'=2n$，$PC'=2m$）。

解析二　作$PE/\!/BO$，由定理“△一边的平行线分其他两边成比例”，知$CE:EO=CP:PD=m:n$，因$EO$、$m$、$n$已知，所以可求$CE$。

作法二　作$PE/\!/BO$，交$OA$于$E$，求$n$、$m$、$OE$的比例第四项$x$。在$EA$上取$EC=x$，就得所求的$C$点。

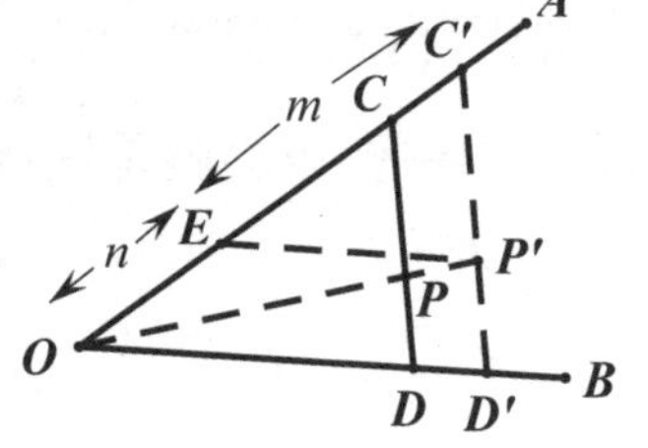


解析三　连$OP$，在$OA$上取$OE=n$，$EC'=m$，过$E$作$OB$的平行线，交$OP$的延长线于$P'$，连$C'P'$，延长交$OB$于$D'$，那么$P'C':P'D'=EC':EO=m:n=PC:PD$，所以由定理“从一点所引三射线截两平行线成比例线段”，知$CD/\!/C'D'$。

作法三　省略。

讨论　本题常有一解。

注意　如上例，证明已经包含在解析里，可写出解析，略去证明。

〔范例44〕已知两线段的差，又知它们的比例中项，求作这两线段。

假设：两线段的差是$d$，比例中项是$l$。

求作：两线段。

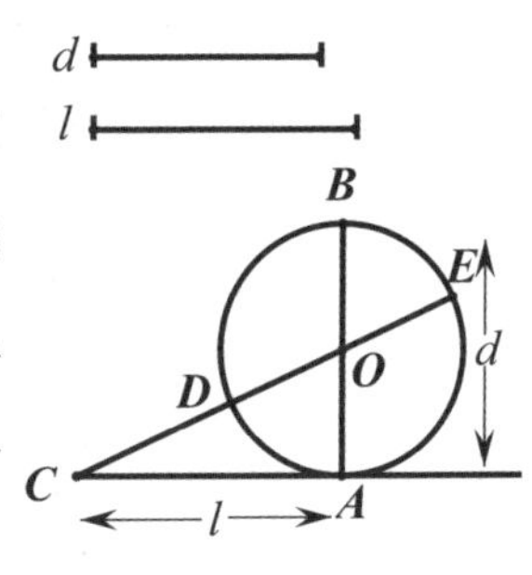


解析一 由切线和割线上的比例线段定理，如果拿$l$做圆的切线，那么$d$是割线的圆内线段。这条割线若通过圆心，那么$d$是圆的直径。因此可作用$d$做直径的圆，再作$l$长的切线，那么通过圆心的割线同它的圆外线段，就是所求的两线段。

作法一 省略。

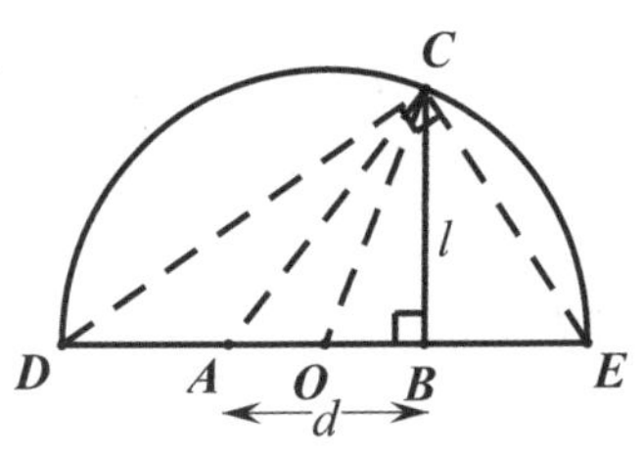


解析二 由定理"直角△斜边上的高，是斜边上被高所二分的比例中项"，可设法作直角△，使斜边上的高是$l$，斜边上二分的差是$d$。

作法二 作直角△$ABC$，使$\angle B=90°$，$AB=d$，$BC=l$，取$AB$的中点$O$，连$OC$，拿$O$做圆心，$OC$做半径作半圆，交$AB$的延长线于$D$、$E$，那么$DB$、$BE$就是所求的两线段。

简证 因$\angle DCE$是半圆所含的圆周角，等于$90°$，$BC$是斜边上的高，所以$DB:l=l:BE$。又因$OD=OE$，$OA=OB$，所以$AD=BE$，$DB-BE=AB=d$。

讨论 本题常有一解。

〔范例45〕求作一圆，过两个已知点，且切于一已知圆。

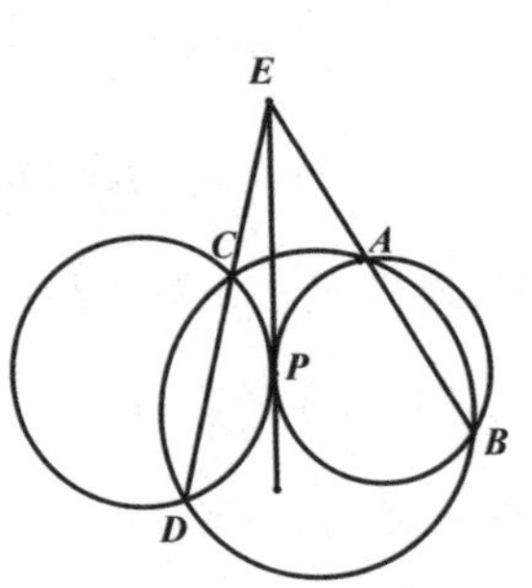


假设：两定点$A$和$B$，一定圆$O$。

求作：一圆，过$A$、$B$两点，且切于$\odot O$。

解析 1.假设$\odot ABP$是所求的圆，切$\odot O$于$P$。

2.因为过$P$可作两圆的一条公切线，交$BA$的延长线于$E$，所以$\overline{EA}\times\overline{EB}=\overline{EP}^2$。

3.假设从$E$再作$\odot O$的任意割线$ECD$，那么$\overline{EC}\times\overline{ED}=\overline{EP}^2$。

4.比较2和3，得$EA\times EB=EC\times ED$，可见$A$、$B$、$D$、$C$四点共圆。

作法 1.过$A$、$B$两点作一任意圆，交$\odot O$于$C$、$D$。

2.连$BA$、$DC$，延长相交于$E$，从$E$作$\odot O$的切线$EP$。

3.过$A$、$B$、$P$三点作圆，就是所求的圆。

证

| 叙述 | 理由 |
|---|---|
| 1. $\because$ $EA\times EB=EC\times ED$ | 1. 割线上的比例线段定理 |
| 2. $\overline{EP}^2=EC\times ED$ | 2. 见范例44解析一 |
| 3. $\therefore$ $EA\times EB=\overline{EP}^2$ | 3. 等于同量的量相等 |

| | |
|---|---|
| 4. 假定$EP$同$\odot ABP$除相遇于$P$点外，还有第二个交点$P'$ | 4. 直线同圆可交于两点 |
| 5. 那么$EA\times EB=EP\times EP'$ | 5. 同1 |
| 6. ∴ $EP=EP'$ | 6. 比较3和5而得 |
| 7. $P'$合于$P$，而$EP$切于$\odot ABP$ | 7. 圆同直线遇于一点就相切 |
| 8. ∴ $\odot ABP$切于$\odot O$ | 8. 切于同直线上圆点的两圆相切 |

讨论 从$E$作$\odot O$的切线有两条，所以通常有两解，一外切于$\odot O$，一内切于$\odot O$。假使$A$、$B$两点都在$\odot O$内，那么两圆都内切于$\odot O$。假使$A$、$B$两点一在$\odot O$内，一在$\odot O$外就没有解。

〔范例46〕已知三高，求作三角形。

假设：三个高是$h_a$、$h_b$、$h_c$。

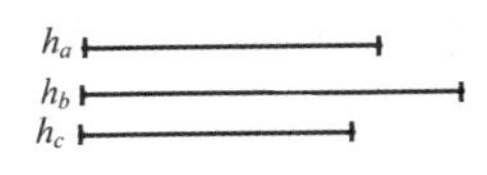


求作：三角形。

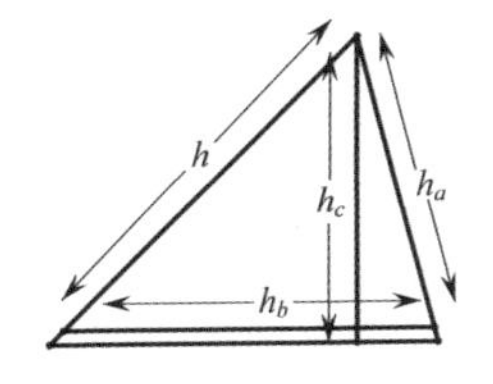


解析一 由定理“三角形两边的比，等于这两边上的高的反比”，可设所求三角形的对应三边的长是$x_a$、$x_b$、$x_c$，得

$$x_a : x_b = h_b : h_a,$$

$$x_b : x_c = h_c : h_b = 1 : \frac{h_b}{h_c} = h_a : \frac{h_a h_b}{h_c}\text{。}$$

因此 $x_a : x_b : x_c = h_b : h_a : \dfrac{h_a h_b}{h_c}$

$\dfrac{h_a h_b}{h_c}$是$h_c$、$h_b$、$h_a$的比例第四项，假定是$k$，从上式可见$h_b$、$h_a$、$k$三线段同所求三角形的三边成比例。由定理“相似△的三组对应边成比例”，知道用这三线段做边的三角形同所求的三角形相似。

作法一 1.求$h_c$、$h_b$、$h_a$的比例第四项$k$。

2.用$h_b$、$h_a$、$k$做三边，作$\triangle AB'C'$。

3.作$\triangle AB'C'$的高$AD'$，延长到$D$，使$AD=h_a$。

4.过$D$作$B'C'$的平行线，交$AB'$、$AC'$的延长线于$B$、$C$，就得所求的三角形$ABC$。

解析二 由定理“三角形各边乘这边上的高的积相等（都等于三角形面积的二倍）”，可得

$x_a h_a = x_b h_b = x_c h_c$…………………………………(1)

又由割线上的比例线段定理，可从任意圆外一点作三割线，使各等于$h_a$、$h_b$、$h_c$。设它们的圆外线段顺次是$y_a$、$y_b$、$y_c$，那么

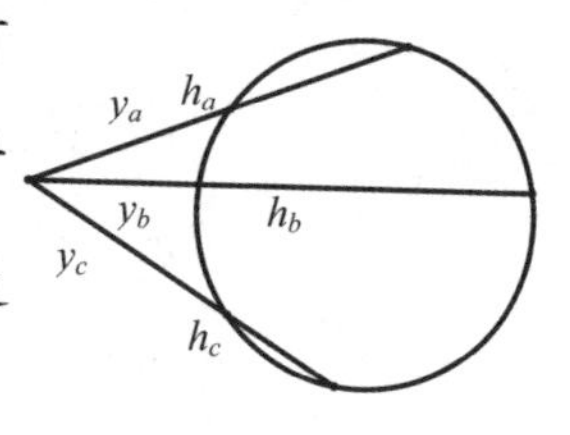


$y_a h_a = y_b h_b = y_c h_c$…………………………………(2)

以(2)除(1)，得$\frac{x_a}{y_a}=\frac{x_b}{y_b}=\frac{x_c}{y_c}$，

所以用$y_a$、$y_b$、$y_c$做边的三角形同所求的三角形相似。

作法二 1.在任意圆外取一个任意点，从这点作这圆的三条割线，使各等于$h_a$、$h_b$、$h_c$，设它们的圆外线段顺次是$y_a$、$y_b$、$y_c$。

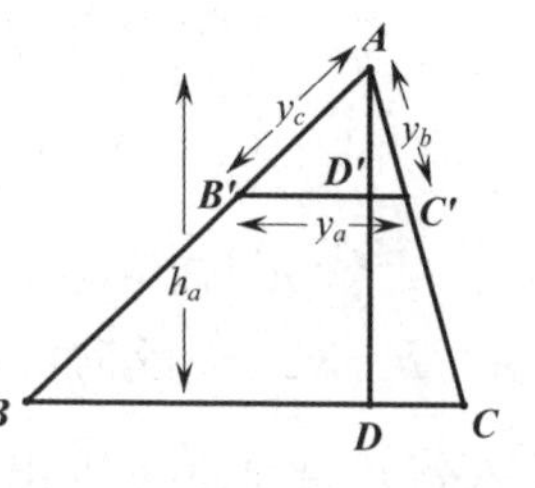


2.用$y_a$、$y_b$、$y_c$做三边，作$\triangle AB'C'$。

以下与作法一相同。

讨论 从解析一，得

$$x_a:x_b:x_c=h_b:h_a:\frac{h_ah_b}{h_c}=\frac{1}{h_a}:\frac{1}{h_b}:\frac{1}{h_c}。$$

因为$x_a$、$x_b$、$x_c$三条线段中的任何两线段的和，必须大于另外的一条，所以三题有解的条件是：

$$\begin{cases}\frac{1}{h_b}+\frac{1}{h_c}>\frac{1}{h_a},\\ \frac{1}{h_c}+\frac{1}{h_a}>\frac{1}{h_b},\\ \frac{1}{h_a}+\frac{1}{h_b}>\frac{1}{h_c}。\end{cases}$$

注意 读者试另用相交弦上的比例线段定理来解本题。

## 研究题十一

(1) 在$\angle AOB$外有一点$P$，又有已知比$m:n$，求过$P$作一直线，交$OA$于$C$，交$OB$于$D$，使$PC:PD=m:n$。

(2) 已知两线段的和，又知它们的比例中项，求作这两线段。

(3) 已知周长，求作一三角形，使和已知三角形相似。

(4) 求作两线段，使它们的平方比等于已知比$m:n$。

提示　直角△斜边上的高所分斜边二分的比，等于两直角边的平方比。

(5) 求作两线段，使它们的比等于已知两线段的平方比。

(6) 已知线段$a$、$b$、$m$，求作线段$x$，使$a^2:b^2=m:x$。

提示　仿上题，再参阅研究题三(9)。

(7) 已知两边$b$、$x$，又知这两边夹角的平分线$t_a$，求作三角形。

提示　延长$BA$到$E$，使$AE=AC=b$，再设$CE=x$，那么$AD/\!/EC$，$c:(c+b)=t_a:x$。由此求得$x$。△$ACE$就可作出。

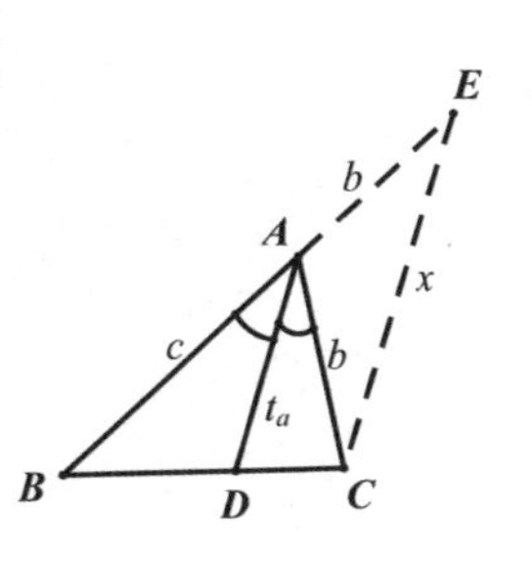

# 杂 法

不能归入前述十一类的作图杂法还有很多，下面略举一些例子。

〔范例47〕假设：⊙$O$的圆周上有三点$M$、$N$、$P$。

求作：内接三角形，使底边上的高延长过$M$，顶角平分线延长过$N$，底边上的中线延长过$P$。

解析 若$\triangle ABC$是所求的三角形，高$AD$延长过$M$，$\angle A$平分线延长过$N$，中线$AF$延长过$P$，那么$N$是$\overset{\frown}{BC}$的中点，$ON$必过$F$，$ON\perp BC$，所以$AM/\!/ON$。于是可先作$ON$，而后依次求得$A$、$F$、$B$、$C$各点。

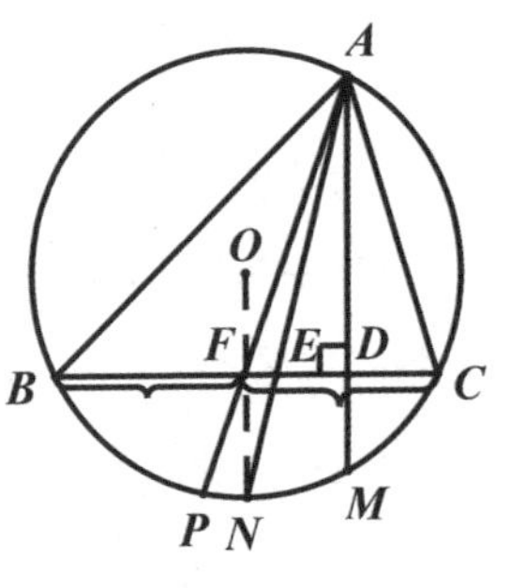


作法 连$ON$，从$M$作$ON$的平行线，交圆于$A$。再连$AP$，交$ON$或其延长线于$F$。过$F$作$ON$的垂线，交圆于$B$、$C$。连

$AN$，交$BC$于$E$，又$BC$交$AM$于$D$，再连$AB$、$AC$，那么$\triangle ABC$就是所求的三角形。

简证　因$ON//AM$，$ON\perp BC$，所以$AM\perp BC$，$AD$是高。因$ON\perp BC$，所以$BF=FC$，$AF$是中线。$\overset{\frown}{BN}=\overset{\frown}{NC}$，$\angle BAN=\angle NAC$，所以$AE$是角平分线。

讨论　$\overset{\frown}{MP}$小于半圆，而$N$在$\overset{\frown}{MP}$上，可以有一解，否则没有解。

〔范例48〕假设：$\odot O$的圆周上有三点$A$、$B$、$C$。

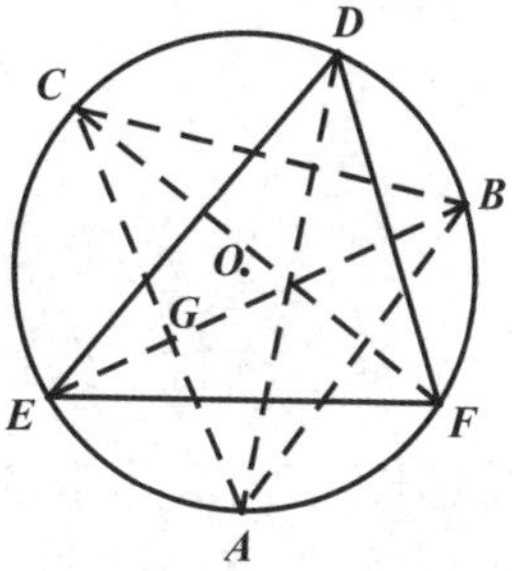

求作：内接三角形，使它的三条角平分线过$A$、$B$、$C$。

解析　若$\triangle DEF$是所求的三角形，$AD$平分$\angle D$，$BE$平分$\angle E$，$CF$平分$\angle F$，那么$\overset{\frown}{AE}=\overset{\frown}{AF}$，$\overset{\frown}{BD}=\overset{\frown}{BF}$，$\overset{\frown}{CD}=\overset{\frown}{CE}$。三式相加，得

$\overset{\frown}{AE}+\overset{\frown}{BD}+\overset{\frown}{CD}=\overset{\frown}{AF}+\overset{\frown}{BF}+\overset{\frown}{CE}$ = 半圆周。于是可确定$BE\perp AC$。同理，$CF\perp AB$，$AD\perp BC$。

作法　顺次连$A$、$B$、$C$三点，作$AD\perp BC$，$BE\perp CA$，$CF\perp AB$，各交圆周于$D$、$E$、$F$，那么顺次连这三点所得的$\triangle DEF$，就是所求的三角形。

简证　因$\angle AGE=90°$，而$\angle AGE$以$\frac{1}{2}(\overset{\frown}{AE}+\overset{\frown}{BC})$来度量，所以$\overset{\frown}{AE}+\overset{\frown}{BC}=180°$。同理，$\overset{\frown}{AE}+\overset{\frown}{BC}=180°$，所以$\overset{\frown}{AE}=\overset{\frown}{AF}$，$\angle ADE=\angle ADF$，$DA$是$\angle D$的平分线，其余以此类推。

讨论　$\triangle ABC$是锐角三角形时有一解，否则没有解。

## 研究题十二

（1）在已知$\angle AOB$内有一已知点$P$，求过$P$作一直线，交$OA$、$OB$于$C$、$D$，使$PC=PD$。

（2）在已知$\angle AOB$内（或外）有一已知点$P$，求过$P$作一直线，交$OA$、$OB$于$C$、$D$，使$OC=OD$。

（3）已知一边，以及不在这边上的两角，求作已知圆的内接四边形。

（4）不准作相交的两弧，求作已知角的平分线。

提示　在已知$\angle XOY$的两边上取$OA=OA'$，$OB=OB'$，连$AB'$和$A'B$。

（5）有不平行的两线，不准延长相交，求作这两线夹角的平分线。

提示　在这两线间，以相等的距离各作一条平行线。

（6）已知圆上有$A$、$B$、$C$三点，求作一内接三角形，使它的三个高的延长线各过$A$、$B$、$C$中的一点。

（7）过已知▱$ABCD$外的一点$P$，求作一直线，使其将这▱分成$m$∶$n$的两部分。

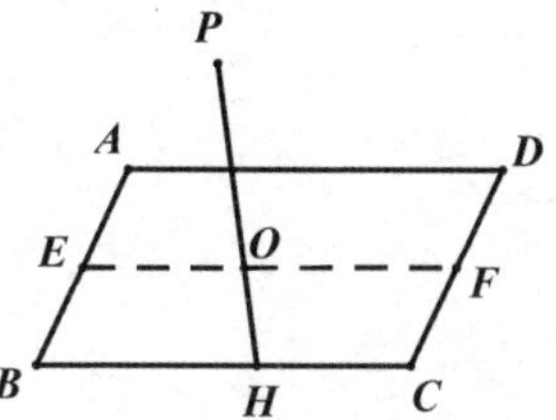


提示　内分一组对边中点的连

接线$EF$于$O$，使$EO:OF=m:n$。

(8)已知两个端点，求作三心曲线。

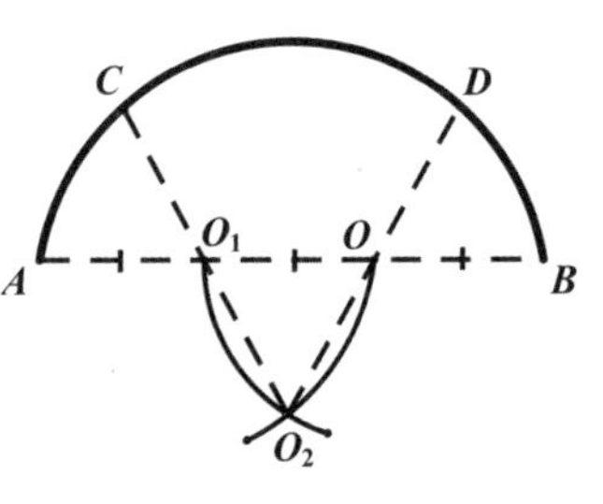


提示　建筑学上的三心曲线，是由三个60°的弧相吻接而成的，它的中间一弧的半径，二倍于两端弧的半径。弧和弧有一公共点，且过这点可引两弧的公切线，就称两弧相吻接。

# 三　作图法的活用

## 大小的变换

几何作图题的解法，同证明题一样，也是千变万化，没有普遍的方法可以包括完全。上一章虽已列举了多种常用的方法，但每一题不是限用一法，每一法也不是专用于某一类的问题，读者必须随机应变，灵活运用，才能收获良好的学习效果，至于怎样把作图法活用，很难作具体的说明，这里只能略举一些例子，让读者自己去细心领会。

在作图题的解析中应添怎样的辅助线，应先作怎样的辅助图形，如果没有相当的经验，是很难下手的。因所作辅助线或辅助图形的大小的不同，一题往往可得各种不同的解法。现在先就辅助图形大小的变换，来举一个例子，给读者作参考。

下面是“已知三中线的长，求作三角形”的四种不同的解法，其中有一部分没有完全写出，读者可以自己补足。

**假设：**三中线的长是$m_a$、$m_b$、$m_c$。

求作: 三角形。

解析一　1.假定$\triangle ABC$已经作成，其中$BD=DC$，$CE=EA$, $AF=FB$, $AD=m_a$, $BE=m_b$, $CF=m_c$。

2.从重心定理，知道三中线相交于一点，设这点是$O$，那么$OD=\frac{1}{3}m_a$, $BO=\frac{2}{3}m_b$, $CO=\frac{2}{3}m_c$。

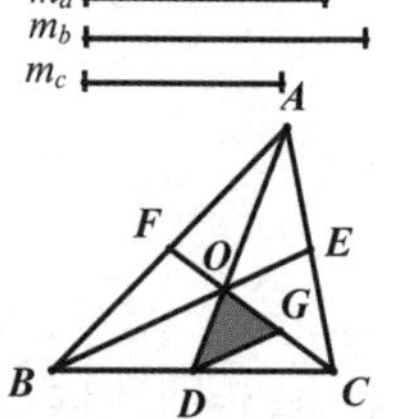


3.取$CO$的中点$G$，那么$OG=\frac{1}{3}m_c$，$DG=\frac{1}{2}DO=\frac{1}{3}m_b$，于是$\triangle ODG$已知三边，可以先作出来(边、边、边)。

作法　1.作$\triangle ODG$，使$OD=\frac{1}{3}m_a$，$DG=\frac{1}{3}m_b$，$OG=\frac{1}{3}m_c$(边、边、边)。

2.延长$DO$到$A$，使$OA=\frac{2}{3}m_a$。

3.延长$OG$到$C$，使$GC=\frac{1}{3}m_c$。

4.连$CD$，延长到$B$，使$BD=CD$。

5.连$AB$、$AC$，那么$\triangle ABC$就是所求的三角形。

证

| 叙述 | 理由 |
| --- | --- |
| 1. 连$BO$，延长交$AC$于$E$，再延长$CO$，交$AB$于$F$ | 1. 公法 |
| 2. 那么$AD$是中线 | 2. 见作法4 |
| 3. 因$AD=-m_a+\frac{1}{3}m_a=m_a$，$AO=\frac{2}{3}m_a$ | 3. 见作法1和2 |
| 4. $\therefore$ $O$是$\triangle ABC$的重心 | 4. $\triangle$中线上的三等分点(距顶点较远的一个)是重心 |
| 5. $BE$、$CF$都是中线 | 5. 从顶点所作过重心的线是中线 |
| 6. 又$\because CO=\frac{1}{3}m_c=\frac{1}{3}m_c=\frac{2}{3}m_c$ | 6. 见作法1和3，相加 |

| | |
|---|---|
| 7. $\therefore\ OF=\frac{1}{3}m_c$ | 7. 重心分中线成2∶1的两份 |
| 8. $\therefore\ CF=m_c$ | 8. 从6和7，相加 |
| 9. 又$\because BO=2DG=\frac{2}{3}m_b$ | 9. △的中位线定理，又从作法1 |
| 10. $\therefore\ OE=\frac{1}{3}m_b$ | 10. 同7 |
| 11. $BE=m_b$ | 11. 从9和10，相加 |

讨论 $m_a$、$m_b$、$m_c$，三线中任何两线的和大于第三线时有一解，否则没有解。

解析二 1、2同前。

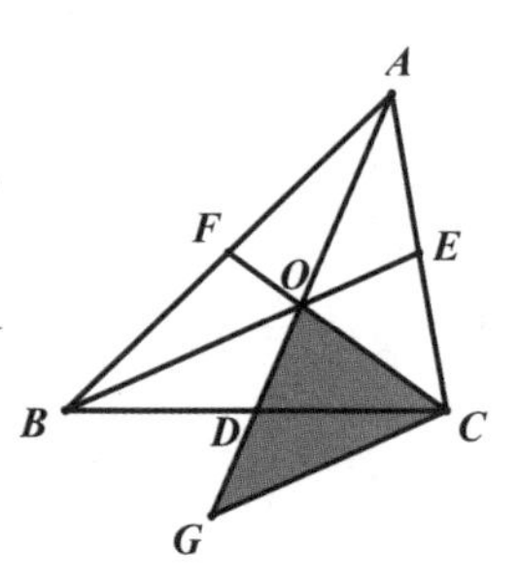


3.延长$AD$到$G$，使$DG=OD$，那么$OG=\frac{2}{3}m_a$，$CG=BO=\frac{2}{3}m_b$（因$BGCO$是▱），$CO=\frac{2}{3}m_c$，于是△$OGC$已知三边，可以先作出来（边、边、边）。

作法 1.作△$OGC$，使$OG=\frac{2}{3}m_a$，$GC=\frac{2}{3}m_b$，$CO=\frac{2}{3}m_c$（边、边、边）。

2.取$OG$的中点$D$。

3.连$CD$，延长到$B$，使$DB=CD$。

4.延长$GO$到$A$，使$OA=\frac{2}{3}m_a$。

5.连$AB$、$AC$，那么△$ABC$就是所求的三角形。

解析三 1、2同前。

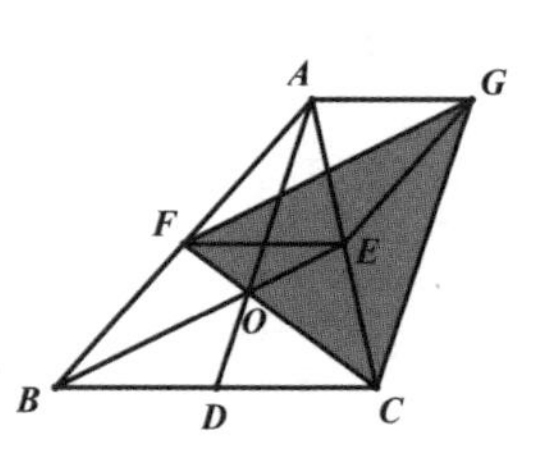


3.作$EG \mathrel{\underline{\parallel}} BF$，连$FG$、$AG$、$FE$、$GC$。

4.那么$EG \mathrel{\underline{\parallel}} AF$，$AFEG$是▱，所以

$AG \underline{\parallel} FE \underline{\parallel} \frac{1}{2}BC \underline{\parallel} DC$, $ADCG$也是▱。

5.可见$GC=AD=m_a$，$FG=BE=m_b$，$CF=m_c$，$\triangle CGF$已知三边，可以先作。

6.在$CF$上取$CO=\frac{2}{3}m_c$，可定$O$点，过$O$作$GC$的平行线，取$OA=\frac{2}{3}m_a$，可定$A$点。在$AF$的延长线上取$FB=AF$，可定$B$点。

解析四 1、2同前。

3.延长$BC$向两方，使$HE=BC=CK$。那么$AH=2BE=2m_b$，$AK=2CF=2m_c$。

4.延长$AD$到$G$，使$DG=AD$，那么$AG=2AD=2m_a$。

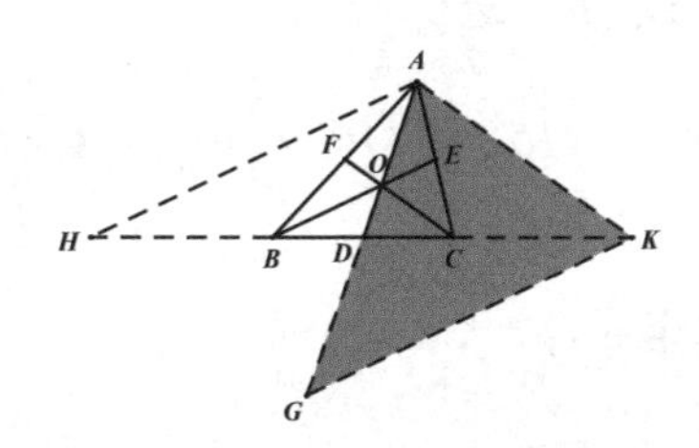


5.因$AHGK$是▱，$GK=AH=2m_b$，所以$\triangle AGK$已知三边，可以先作。

6.平分$AG$得$D$点，延长$KD$到$H$，使$DH=KD$，三等分$HK$，得$B$、$C$两点。

# 位置的变换

在作图的解析中所添辅助线的位置，有时也可以灵活变换，得到各种不同的解法。

例如：在下题中所作的辅助正方形，可变换位置而得五种不同的情形：

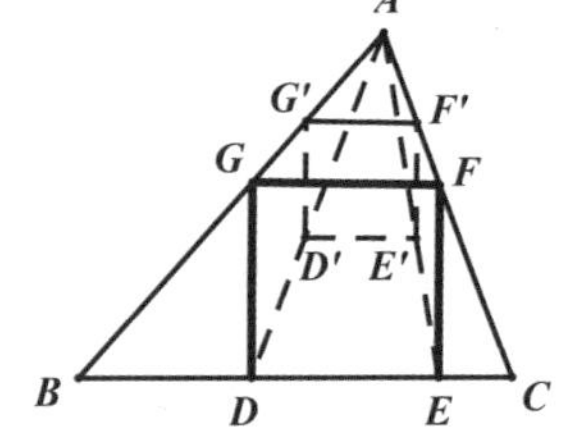


假设：△*ABC*。

求作：内接正方形。

作法一　见〔范例22〕。

作法二　在*AB*上任取一点*G*′，作*G*′*F*′∥*BC*，交*AC*于*F*′。拿*G*′*F*′做边，作正方形*D*′*E*′*F*′*G*′，连接*AD*′、*AE*′。各延长交*BG*于*D*、*E*。从*D*、*E*各作*BC*的垂线，交*AB*、*AC*于*G*、*F*，连*GF*，那么*DEFG*就是所求的正方形。

证明同作法一类似，以下各法也是这样，所以都省去。

作法三　作*BC*上的高*AD*′，以*AD*′为边作正方形*AD*′*E*′*F*′。连*BF*′，交*AC*于*F*。从*F*作*FG*∥*CB*，交*AB*于*G*。

再从$F$、$G$作$FE\perp BC$、$GD\perp BC$，那么$DEFG$就是所求的正方形。

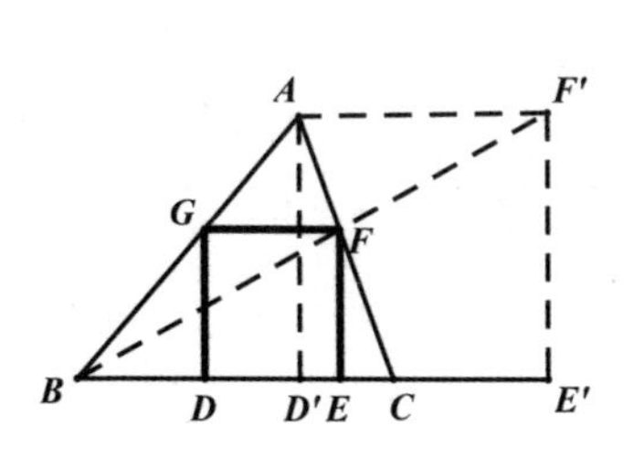


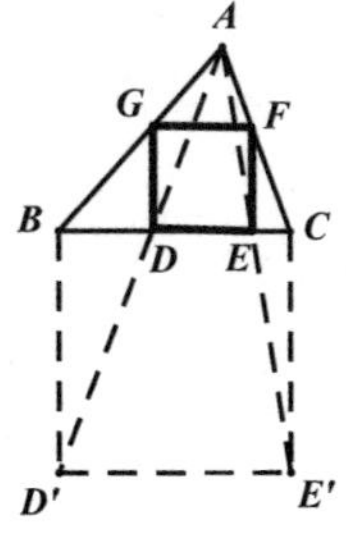


作法四　拿$BC$做边，向三角形的另一侧作正方形$BCE'D'$，连接$AD'$、$AE'$，交$BC$于$D$、$E$，从$D$、$E$各作$BC$的垂线，交$AB$、$AC$于$G$、$F$，连接$GF$，那么$DEFG$就是所求的正方形。

作法五　拿$BC$做边，向三角形的同侧作正方形$BCF'G'$。再作$BC$上的高$AH$，连接$HF'$、$HG'$，交$AC$、$AB$于$F$、$G$。连接$FG$，从$F$、$G$各作$BC$的垂线$FE$、$GD$，那么$DEFG$就是所求的正方形。

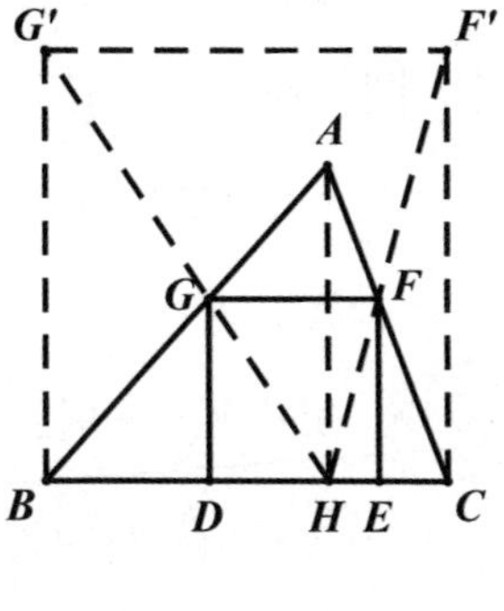


在应用代数解析时，有时因所添辅助线位置的不同，也可以使解法变换。下面再举一个例子：

求作已知三角形一边的垂线，平分这个三角形的面积。

假设：$\triangle ABC$。

求作：$BC$的垂线，平分$\triangle ABC$。

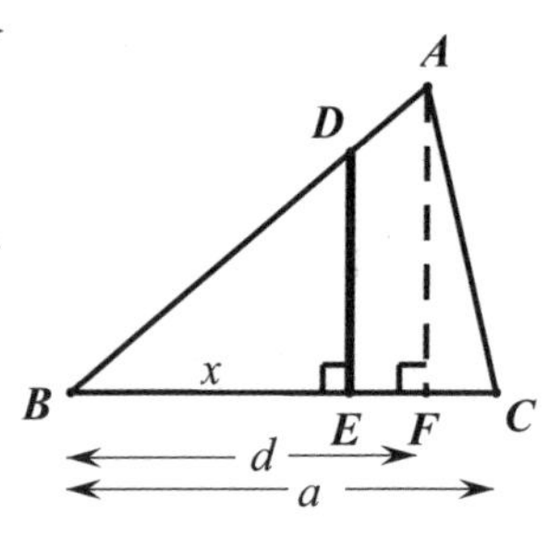


解析一　1.假定$DE$是所求的直线，那么$DE\perp BC$，$\triangle ABC:\triangle DBE=2:1$。

2.作$AF\perp BC$，设$BC=a$，$BF=d$，$BE=x$，那么$\triangle ABC:\triangle DBE=a\times BA:x\times BD$（一角相等的两个△的比等于夹等角的边的积的比）。

3.比较1和2，得$a\times BA:x\times BD=2:1$，有$2x\times BD=a\times BA$，$BD:BA=a:2x$。

4.又因为$\triangle DBE\backsim\triangle ABF$，所以$BD:BA=x:d$（相似△的对应边成比例）。

5.比较3和4，得$a:2x=x:d$，有$2x^2=ad$，所以$x=\sqrt{\frac{ad}{2}}$。

做法　求$a$和$\frac{d}{2}$的比例中项$x$，在$BC$上取$BE=x$，从$E$作$ED\perp BC$，$ED$就是所求的直线。

解析二　1.同前。

2.作$AF\perp AB$，交$BC$或$BC$的延长线于$F$。设$BC=a$，$BF=d$，$BD=x$，那么$\triangle ABC:\triangle ABF=a:d$（等高△的比等于底的比）。

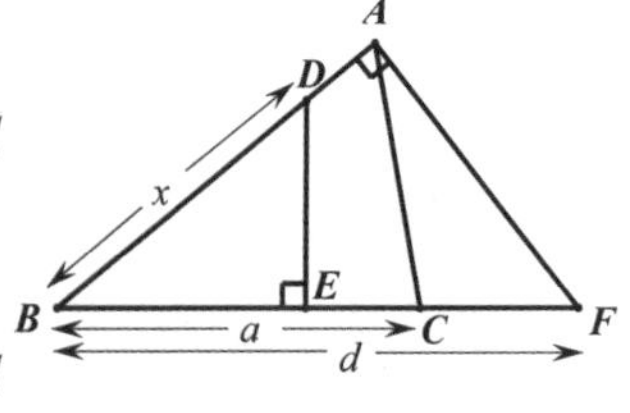


3.又因为$\triangle ABF\backsim\triangle DBE$，所以$\triangle ABF:\triangle DBE=d^2:x^2$

（相似△的比等于对应边的平方比）。

4.从2和3，得$\triangle ABC:\triangle DBE=ad:x^2$。

5.比较1和4，得$ad:x^2=2:1$，所以$x=\sqrt{\frac{ad}{2}}$。

这个解析如果改用解析一的定理，也可以得到同样的结果。做法同前面的类似，这里不再叙述。

假使从$C$作$AB$的垂线，或从$C$作$BC$的垂线，都可用类似的方法作图。

最后要附带提及的，我们学了一个作图题，往往可以把它推广到另一个作图题，用类似的方法来解决。譬如我们知道了上举例题的解法，那么在解下题的时候，只要依样画葫芦，就没有什么困难了。

求作一直线，平分已知三角形的面积，而且同定直线平行。

读者试写出它的解法。

## 解析的变换

前举〔范例22〕和〔范例32〕两个问题，原是用相似或割补的方法作图的，但是我们改用代数方法来解析，也能够解决，像〔范例36〕和〔范例38〕就是。可见每一个问题，不限定用一种解析方法，尽可作适当的变换。

譬如〔范例40〕，原来举的是用代数解析的一种方法，其实还可变换而得别的方法，尚且用轨迹法解，总计得七种不同的解法。现在依次记在下面：

假设：定圆$O$外有一定点$P$。

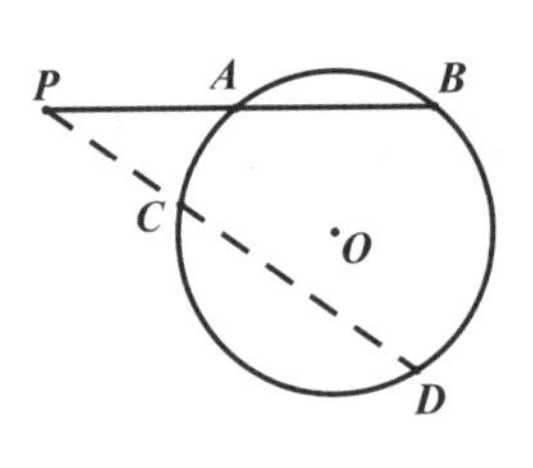


求作：割线$PAB$，使$PA=AB$。

解析一　见〔范例40〕。

解析二　1.假定割线$PAB$已经作成，$PA=AB=x$。

2.从$P$作任意割线$PCD$，那么$PC$、$PD$都是已知长，设$PC=a$，$PD=b$。

3.从割线上的比例线段定理得$PA \times PB = PC \times PD$，就是$x \times 2x = ab$，$x = \sqrt{\frac{ab}{2}}$。所以可用比例中项的基本作图法得$R$的长。

解析三 1.同前。

2.从$P$作圆的切线$PC$，设$PC=a$。

3.从定理得$PA \times PB = \overline{PC}^2$，就是$2x^2=a^2$，$x^2+x^2=a^2$。

4.上式同勾股定理比较，知道拿$a$做斜边作一等腰直角三角形，那么它的腰长就是所求的$x$。

解析四 1.假定割线$PAB$已经作成，$PA=PB$。

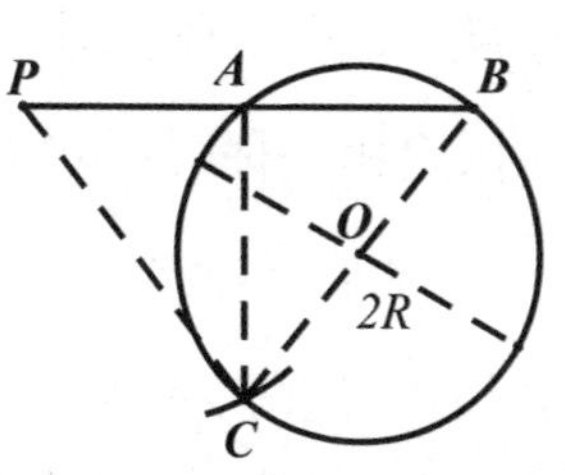


2.从$B$作直径$BOC$，是已知长$2R$。

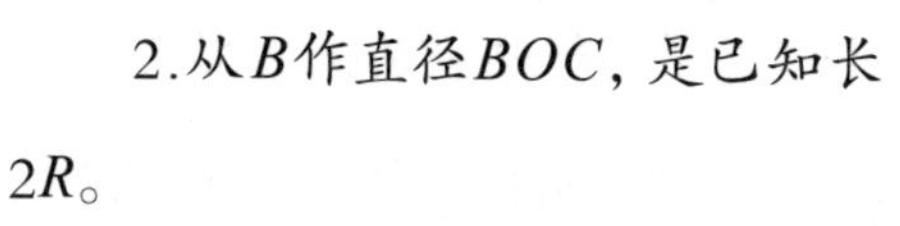

3.因$\angle BAC=90°$（半圆内的弓形角）同，所以$PC=BC=2R$（线段的垂直平分线上的点距两端等远），用轨迹法可得$C$点。

解析五 1.同前。

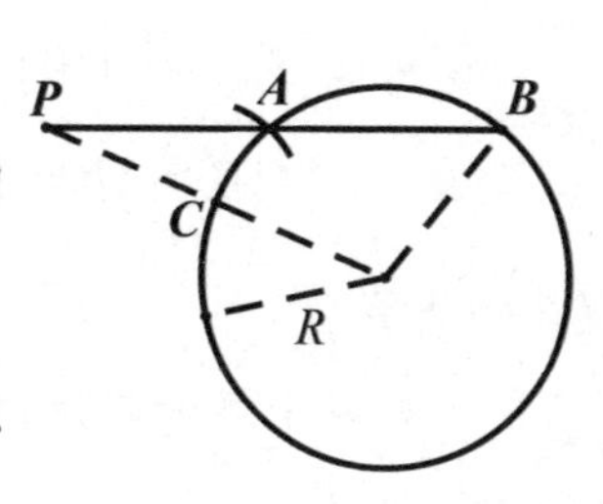


2.连$PO$，取中点$C$，从三角形的中位线定理，知道$CA=\frac{1}{2}OB$。

3.因$OB$的长已知是$R$，所以

$CA=\frac{1}{2}R$，用轨迹法可得$A$点。

解析六 1.同前。

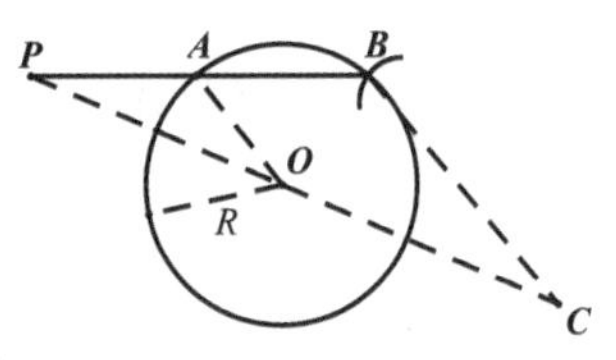


2.连$PO$，延长到$C$，使$OC=PO$，那么$CB=2OA$。

3.因$OA$的长已知是$R$，所以$CB=2R$，用轨迹法可得$B$点。

解析七 1.同前。

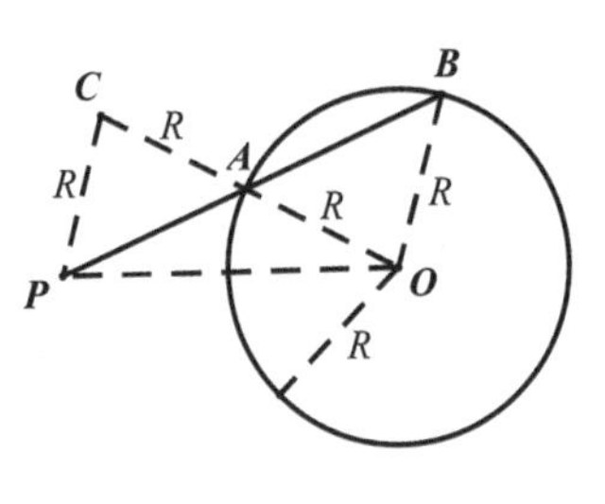


2.连$OA$，延长到$C$，使$AC=R$，那么$\triangle PAC \cong \triangle ABO$，$PC=R$。

3.可见$\triangle POC$可以先作，即用轨迹法可定$C$点，从而得$A$点。

读者试分别写出作法和证明。

其他问题的解析也可以变换，如〔范例29〕的逆序法可改成平移法，请看下面的记述。

假设和求作见〔范例29〕。

解析一 见〔范例29〕。

解析二 1.假定$ABC$已经做成，那么$AB=m$，$BC=n$。

2.若有$ABC$的平行线交$OX$、$OY$、$OZ$于$A'$、$B'$、$C'$，那么$A'B':B'C'=AB:BC=m:n$（两∥线被三射线截得的四线段成比例）。

3.在$OZ$上取$OD=m$，$DC'=n$，

那么$A'B':B'C'=OD:DC$，所以$DB'/\!/OX$。

作法 1.在$OZ$上取$OD=m$，$DC'=n$，从$D$作$DB'/\!/OX$，交$OY$于$B'$。

2.连$C'B'$，延长交$OX$于$A'$。

3.在$A'C'$上取$A'E=m$。过$E$作$EB/\!/XO$，交$OY$于$B$。

4.过$B$作$AC/\!/A'C'$，交$OX$、$OZ$于$A$、$C$，就得所求的直线。

证

| 叙述 | 理由 |
| --- | --- |
| 1. ∵ $AA'EB$是▱ | 1. 从作法3和作法4，两组对边各// |
| 2. ∴ $AB=A'E=m$ | 2. ▱对边相等，又根据作法3 |
| 3. 又 $A'B':B'C'=AB:BC=m:BC$ | 3. 两//线被三射线所截得的四线段成比例，又以2代入 |
| 4. 但 $A'B':B'C'=OD:DC'=m:n$ | 4. 在$\triangle OA'C'$中，一边的//线分其他两边成比例，又以据作法1 |
| 5. ∴ $EC=n$ | 5. 比较3和4而得 |

# 做法的变换

作图的变化很多，纵使同一问题，用同一的解析法，有时还因所设条件的性质不同，作法也会跟着变换。这种情形，在应用面积割补法时常会遇到。如研究题九的(6)题，在普通情形下所用的作法如下：

假设：四边形$ABCD$的$BC$边上有一定点$P$。

求作：过$P$的一直线，平分四边形$ABCD$的面积。

普通做法 1.连$PA$，从$B$作$PA$的平行线，交$DA$的延长线于$E$。

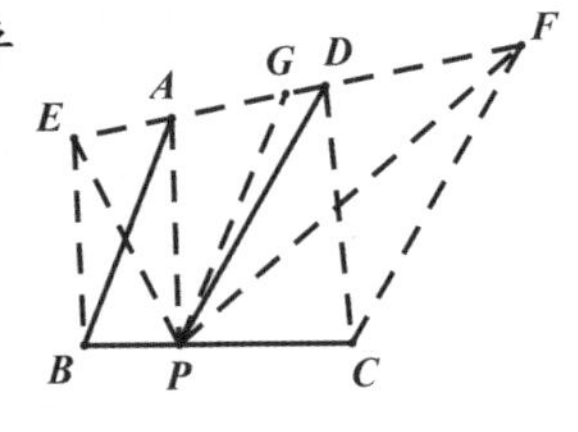


2.连$PD$，从$C$作$PD$的平行线，交$AD$的延长线于$F$。

3.求$EF$的中点$G$，连$PG$，就是所求的直线。

简证 $\because S\triangle PAB=S\triangle PAE$，$S\triangle PDC=S\triangle PDF$（同底等高的两个△等积），$\therefore S$四边形$ABCD=S\triangle PAB+S\triangle PAD+S\triangle PDC=S\triangle PAE+S\triangle PAD+S\triangle PDF=S\triangle PEF$。又$\because S\triangle PEG=\frac{1}{2}$

$S\triangle PEF$（△的中线平分面积），$\therefore S\triangle PEG=\frac{1}{2}SABCD$。又$\because S\triangle PEG=S\triangle PAE+S\triangle PAG=S\triangle PAB+S\triangle PAG=S$四边形$ABPG$，$\therefore S$四边形$ABPG=\frac{1}{2}S$四边形$ABCD$。

假使四边形$ABCD$的形状或$P$点在$BC$边上的位置不同，上面举的做法有时不能适用。如下图，假使按照普通的做法变四边形$ABCD$成一等积的$\triangle PEF$后，因为$EF$的中点$G$在$AD$的延长线上，所以连成的$PG$线没有用，应该换成如下的做法：

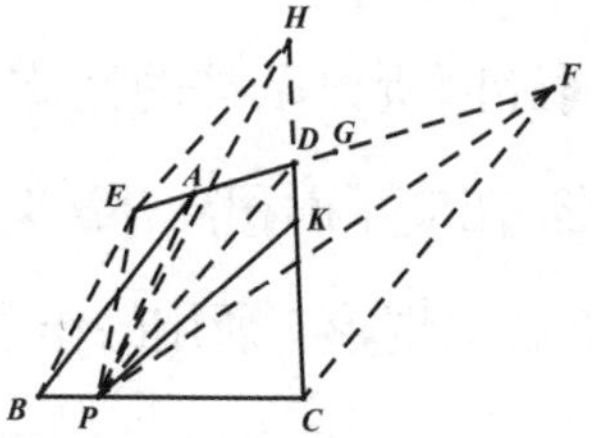

特殊做法 1.同前。

2.连$PD$，从$E$作$PD$的平行线，交$CD$的延长线于$H$。

3.求$CH$的中点$K$，连$PK$，就是所求的直线。

简证 $\because S\triangle PAB=S\triangle PAE$，$S\triangle PDE=S\triangle PDH$。

$\therefore S$四边形$ABCD=S\triangle PAB+S\triangle PDA=S\triangle PCD$

$=S\triangle PAE+S\triangle PDA+S\triangle PCD$

$=S\triangle PDE+S\triangle PCD$

$=S\triangle PDH+S\triangle PCD=S\triangle PCH$。

但$S\triangle PCK=\frac{1}{2}S\triangle PCH$，$\therefore S\triangle PCK=\frac{1}{2}S$四边形$ABCD$。

假使按照普通做法变四边形$ABCD$成$\triangle PEF$后，$EF$的中点在$DA$的延长线上，那么应该仿照上面举的特殊方法，反过一个方向，在右方割补，读者不妨一试。

在研究题九中还有些问题，也有类似于上述的情形，读者试分别加以研究。

## 问题的贯通

有许多作图题，就表面看来，似乎并不相同，但实际却完全一样。我们如果能够仔细辨明，把它们贯通起来，那么学会了一个问题的解法，就同时可以解决许多的问题，会得到不少便利。

下面列举一个极普通的例子：

〔问题一〕求作一直角三角形，有固定的斜边，且一直角边等于已知长。

这一个问题同学们一定都会做。做法很简单，只要拿固定的斜边$PO$做直径画图，再拿$O$做圆心，已知的一条直

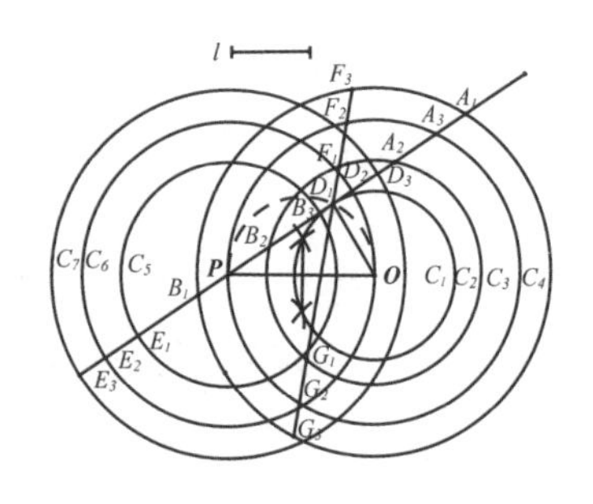

线边的长$l$做半径画弧，交前圆于$A_1$，那么$\triangle A_1PO$就是所求的直角三角形。

我们会做这一个问题，同时就能做以下的十一个问题。

〔问题二〕从一定点（$P$）求作一直线，使它同另一定点（$O$）有一定的距离（$l$）。

所求的直线是图中的$PQ$。

〔问题三〕从定圆（$C_1$）外的一定点（$P$）求作圆的一条切线。

所求的一切线也是$PQ$。

〔问题四〕从定圆（$C_2$）外的一定点（$P$）求作一割线，使它同圆心（$O$）有一定的距离（$l$）。

所求的割线是$PB_2A_2$。

〔问题五〕从定圆（$C_3$）上的一定点（$P$）求作一弦，使它同圆心（$O$）有一定的距离（$l$）。

所求的弦是$PA_3$。

〔问题六〕过定圆（$C_4$）内的一定点（$P$）求作一弦，使它同圆心（$O$）有一定的距离（$l$）。

所求弦是$B_4A_4$。

〔问题七〕求作定圆（$C_5$）的直径，使它同圆外的一定点（$O$）有一定的距离（$l$）。

所求的直径是$E_1PD_1$。

〔问题八〕求作定圆($C_6$)的直径，使它同圆上的一定点($O$)有一定的距离($l$)。

所求的直径是$E_2PD_2$。

〔问题九〕求作定圆($C_7$)的直径，使它同圆内的一定点($O$)有一定的距离($l$)。

所求的直径是$E_3PD_3$。

〔问题十〕从定圆($C_2$)外的一定点($P$)求作一割线，使它的圆内部分被定弦($F_1G_1$)所平分。

所求的割线是$PB_2A_2$。

〔问题十一〕从定圆($C_3$)上的一定点($P$)求作一弦，使被定弦($F_2G_2$)所平分。

所求的弦是$PA_3$。

〔问题十二〕过定圆($C_4$)内的一定点($P$)求作一弦，使被定弦($F_3G_3$)所平分。

所求的弦是$B_4A_4$。

# 作图和定理的联系

作图须根据定理证明，在解析时又须利用定理逐步推测，可见作图和定理有非常密切的联系。同学们读过了本书前面的各节，一定感受到对于定理如果不能牢记，对证题法又不很熟悉的人，学习作图是不可能有成绩的。关于作图常用的定理，在前举的许多例题中随处可见，这里就不去重提了。现在就用不经常用的几条定理，举几个有关的作图题，用来表明定理在作图上的重要。

〔问题一〕已知顶角、底边，又知其他两边的比，求作三角形。

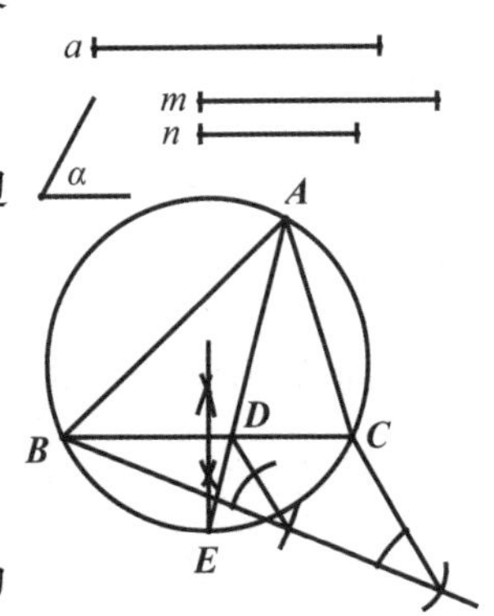


假设：顶角$A$的大小是$\alpha$，底边的长是$a$，其他两边$c$和$b$的比是$m$：$n$。

求作：三角形。

解析　1.假定$\triangle ABC$是所求的

三角形。

2.已知$\angle A=\alpha$，$BC=a$，$AB:AC=m:n$。

3.根据定理“△一角的平分线分对边成两份，这两线段的比等于两邻边的比”，假定$AD$是$\angle A$的平分线，那么$BD:DC=AB:AC=m:n$。

4.根据定理“延长△一角的平分线，必平分外接圆上这角所对的弧”“弦的垂直平分线必平分这弦所对的弧”，知道$AD$的延长线和$BC$的垂直平分线都过$\overset{\frown}{BC}$的中点$E$。

作法 1.作$BC=a$，内分$BC$于$D$，使$BD:DC=m:n$。

2.拿$BC$做弦，作一弓形弧，使它所含的弓形角等于$\alpha$。

3.作$BC$的垂直平分线，交弓形弦的共轭弧于$E$。

4.连$ED$，延长交弓形弧于$A$。

5.连$AB$、$AC$，那么△$ABC$就是所求的三角形。

证明和讨论省略。

我们熟识了上举解析的3和4中的三条定理以后，要解下面的三个问题，就觉得都很顺当：

〔问题二〕求作已知圆的内接矩形，使它的两邻边的比等于已知比。

〔问题三〕求分已知弧成两份，使这两弧所对的弦的比等于已知比。

〔问题四〕已知顶角和夹这角的两边的比，又知外接圆的半径，求作三角形。

以上三个问题，读者可试做一下。下面再举一个求作三角形的难题，但是我们知道了问题一解析4中的两条定理，就丝毫不觉得难了。

〔问题五〕已知一角的平分线，这角对边上的中线和高，求作三角形。

假设：一角的平分线的长是$t_a$，对边上的中线的长是$m_a$，高是$h_a$。

求作：三角形。

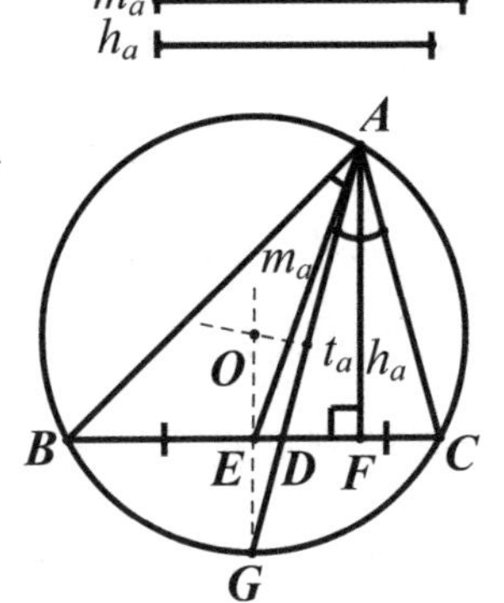


解析 1.假定△*ABC*是所求的三角形。

2.已知*BAD*=∠*CAD*，*AD*=$t_a$，*BE*=*EC*，*AE*=$m_a$，∠*AFB*=90°，*AF*=$h_a$。

3.△*AEF*和△*ADF*都有已知的边、边、角，可以先作。

4.因从*E*所作*EF*的垂线和*AD*的延长线都平分△*ABC*外接圆上的$\overset{\frown}{BC}$，所以可求这两线的交点*G*，这*G*就是外接圆上$\overset{\frown}{BC}$的中点。

5.又因*GE*的延长线和*AG*的垂直平分线都过外接圆的中心，所以求得这两线的交点*O*后，就可作出所求三角形的外接圆，再延长$EF$向两方，可得$B$和$C$。

做法等都省略。

有些几何证明题，在作图上也很有用。一个作图的难题，假使能够联系到一个相当的证明题，往往变得非常容易，下面举一个例子：

〔问题六〕已知三个高的垂足的位置，求作三角形。

假设：三定点$D$、$E$、$F$。

求作：三角形，使它的三顶点$A$、$B$、$C$所作的三个高的垂足顺次是$D$、$E$、$F$。

解析 1.假定$\triangle ABC$已经作成，三个高$AD$、$BE$、$CF$交于$O$点。

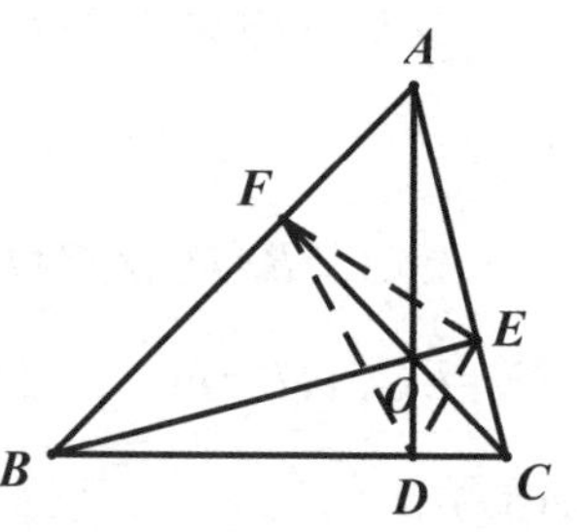


2.根据已知的证明题"△的三个高的垂足连成的三角形，它的三内角被原△的三个高所平分"（这题的证法是《几何定理和证题》一书，读者可参阅一下），知道$AD$、$BE$、$CF$平分$\triangle DEF$的三内角，$O$是$\triangle DEF$的内心。

做法 1.连$DE$、$EF$、$FD$。

2.作$\triangle DEF$三角的平分线，设这三线的交点是$O$。

3.过$D$，$E$，$F$各作$OD$、$OE$、$OF$的垂线，相交于$C$、$A$、$B$。

4.那么$\triangle ABC$就是所求的三角形。

证

| 叙述 | 理由 |
|---|---|
| 1. 连$OA$、$OB$、$OC$三直线（注意$DO$和$OA$还不知道是否成一直线，$EO$和$OB$、$FO$和$OC$也是这样） | 1. 公法 |
| 2. $\because$ $\angle AEO+\angle AFO=180°$ | 2. 从作法3，两角都是90° |
| 3. $\therefore$ $A$、$E$、$O$、$F$共圆 | 3. 四边形对角相补，四顶点共圆 |
| 4. $\angle EAO=\angle EFO$ | 4. 同弧所对的圆周角相等 |
| 5. 同理$\angle DBO=\angle DFO$ | 5. 仿2～4 |
| 6. 但 $\angle EFO=\angle DFO$ | 6. 从作法2 |
| 7. $\therefore$ $\angle EAO=\angle DBO$ | 7. 把4、5代入6 |
| 8. 但 $\angle AEO=\angle BDO$ | 8. 从作法3，直角相等 |
| 9. $\therefore$ $\angle AOE=\angle BOD$ | 9. 两个△二组角等，第三角也等 |
| 10. 同理$\angle COE=\angle BOF$，$\angle COD=\angle AOF$ | 10. 仿2～9 |
| 11. $\therefore$ $\angle AOE+\angle COE+\angle COD$ $=\angle BOD+\angle BOF+\angle AOF$ | 11. 从9和10中的三式相加 |
| 12. 即 $\angle AOD$（右方）$=\angle AOD$（左方） | 12. 从11变成 |
| 13. 但$\angle AOD$（右）$+\angle AOD$（左）$=360°$ | 13. 环绕一点的诸角的和是360° |
| 14. $\therefore$ $\angle AOD=180°$ | 14. 把12代入13，折半 |
| 15. $AO$和$OD$成一直线 | 15. 平角的二边成一直线 |
| 16. 同理，$BO$和$OE$成一直线，$CO$和$OF$成一直线 | 16. 仿2～15 |
| 17. $\therefore AD,BE,CF$是$\triangle ABC$的三个高 | 17. 从15和16，同作法3 |

最后，再回顾本书开头一节所举的例子，谈一谈如下的问题，来把本书作一结束：

〔问题七〕已知外接圆，求作正五角星。

要解决这一个问题，一定要先把圆周分成五等分。普通几何书中只有用〔范例39〕的方法把圆周分成十等分，取一间一的五个分点，就得五等分，这样的方法，还是太费周折。

本书在开头就讲了一种简捷的做法，设想读者们还没有把它忘掉。这种做法虽很便利，但是它的证明却是极麻烦的。

我们假使已经学过了下面的一个证明题：

圆的内接正五边形一边的平方，等于半径的平方同内接正十边形一边的平方的和。*

*这一个证明题在一般几何书中不常见，现在把它的证明做一个简略的叙述：

假定$AB$是内接正五边形的一边，取$\overset{\frown}{AB}$中点$C$，那么$AC$、$CB$都是内接正十边形的边。

作$OD$平分$\angle AOC$，交$AB$于$D$，那么$\angle BOD=36^\circ+18^\circ=54^\circ$。但$\angle OBA=\angle OAB=\frac{1}{2}(180^\circ-72^\circ)=54^\circ$，所以$\angle BOD=\angle OBA=\angle OAB$，于是得$\triangle DOB\backsim\triangle OAB$。

$AB:OB=OB:DB$，$\overline{OB}^2=AB\times DB$……………………(1)

又因$\angle CAB=\angle CBA=\frac{1}{2}(180^\circ-144^\circ)=18^\circ$，$DA=DC$，$\angle DCA=\angle DAC=18^\circ$，所以$\triangle ABC\backsim\triangle ACD$，$AB:AC=AC:AD$。

$\overline{AC}^2=AB\times AD$……………………(2)

把(1)(2)相加，得$\overline{OB}^2+\overline{AC}^2=AB\times(DB+AD)=\overline{AB}^2$。

就可以同正五角星的作图联系起来，得如下的证明。

证 根据本书开头所举的做法，知 $DO \perp AB$，$OG=\frac{1}{2}OB=\frac{1}{2}DO$，$GH=GD$，$DK=DH$。

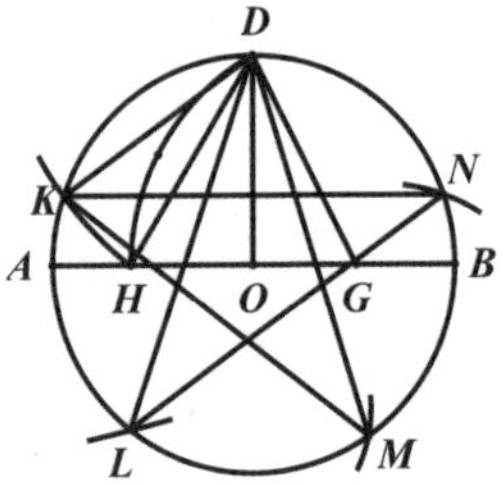

设 $DO=a$，$OH=x$，那么 $OG=\frac{1}{2}a$，$GD=\sqrt{\overline{DO}^2+\overline{OG}^2}=\sqrt{a^2+(\frac{a}{2})^2}$。$OH=GH-OG=GD-OG$，就是 $X=\sqrt{a^2+(\frac{a}{2})^2}-\frac{a}{2}$（同〔范例35〕解析的结果一样）。

化简上式得 $x+\frac{a}{2}=\sqrt{a^2+(\frac{a}{2})^2}$，$x^2+ax+(\frac{a}{2})^2=a^2+(\frac{a}{2})^2$，$a^2+ax=a^2$，$x^2=a^2-ax$，$x^2=a(a-x)$。

同〔范例39〕解析的结果比较，知道 $OH$（即 $x$）等于内接正十边形的边长。

但 $\overline{DH}^2=\overline{DO}^2+\overline{OH}^2$，即知 $DO$ 是半径，$OH$ 等于内接正十边形的边长，那么从前述的证明题，知道 $DH$ 等于内接正五边形的边长，$DK$ 是内接正五边形的一边，$\overset{\frown}{DK}$ 是全圆周的五分之一。

看到这里，也许有人要这样想：这一个证法虽然很对，但除了要掌握一个特殊的证明题外，还要联系到内接正十边形的作图法，未免太复杂了。另外也许有人要这样问：这一个作图题既然要费如此周折才能证明，那么它的做法又怎样会被发现呢？能不能用解析为代替证明呢？

对此，这里不得不再拖一条尾巴，来作一详细的说明。这一说明可以和几何计算取得联系，同时又使我们对代数解析法有更进一步的了解，并认识它的重要性，所以这里并不是多余的。

现在先来从圆的已知半径，试求内接正五边形的边长。

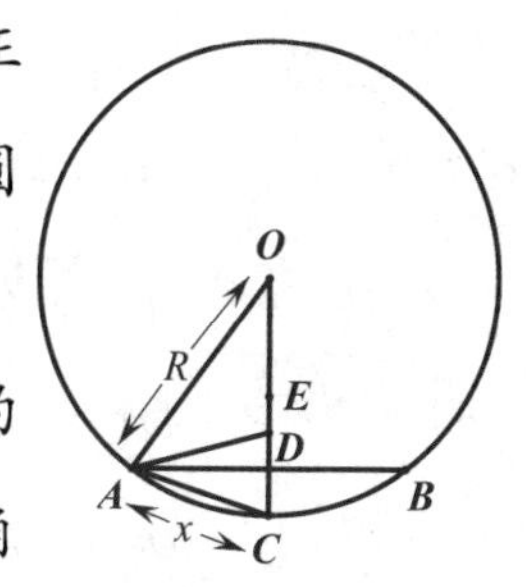


设圆$O$的半径是$R$，$AB$是内接正五边形的一边，作$OD\perp AB$，延长交圆于$C$，那么$AC$是内接正十边形的一边，作$\angle OAC$的平分线$AE$，从36°和72°的角，易知$\triangle OAE$和$\triangle AEC$都是等腰三角形。设$AC=AE=OE=x$，那么$EC=R-x$，由$\triangle OAC\backsim\triangle ACE$，

得 $R:x=x:(R-x)$，

即 $x^2+Rx-R^2=O$。

$$\therefore \quad x=\frac{-R+\sqrt{R^2+4R^2}}{2}=\frac{R}{2}(\sqrt{5}-1)$$

又因$\angle AOC$是36°的锐角，由△锐角对边平方的定理，得

$$\overline{AC}^2=\overline{AO}^2+\overline{CO}^2-2\overline{CO}\times\overline{DO}$$

即 $\frac{R^2}{4}(\sqrt{5}-1)^2 = 2R^2 - 2R \times DO$

$\therefore \quad DO = \frac{R}{4}(\sqrt{5}+1)$

从勾股定理，得

$$AD = \sqrt{\overline{AO}^2 - \overline{DO}^2} = \sqrt{R^2 - \left(\frac{R}{4}(\sqrt{5}+1)\right)^2} = \frac{R}{4}\sqrt{10-2\sqrt{5}}$$

$\therefore \quad AB = 2AD = \frac{R}{2}\sqrt{10-2\sqrt{5}}$

从这一结果知道圆的半径等于1时，内接正五边形的边长是$\frac{1}{2}\sqrt{10-2\sqrt{5}}$。要作内接正五角星，必先分圆周成五等份，分的方法，只须把已知圆的半径看作单位线段，设法和一线段等于$\frac{1}{2}\sqrt{10-2\sqrt{5}}$，再经这线段截圆周就得。

怎样作出这一线段，应该作如下的解析：

我们设法化$\frac{1}{2}\sqrt{10-2\sqrt{5}}$成$\sqrt{a^2 \pm b^2}$的形状，使其能应用线段的基本作图法：

$$\frac{1}{2}\sqrt{10\text{-}2\sqrt{5}}=\sqrt{\frac{10\text{-}2\sqrt{5}}{4}}=\sqrt{\frac{4+5\text{-}2\sqrt{5}+1}{4}}=\sqrt{1+\left(\frac{\sqrt{5}\text{-}1}{2}\right)^2}$$。

这个结果正好是$\sqrt{a^2+b^2}$的形状，但等于$\frac{\sqrt{5}-1}{2}$的线段怎样作呢？继续解析一下，知道

$$\frac{\sqrt{5}\text{-}1}{2}=\frac{\sqrt{5}}{2}\text{-}\frac{1}{2}=\sqrt{\frac{5}{4}}\text{-}\frac{1}{2}=\sqrt{1+\frac{1}{4}}\text{-}\frac{1}{2}=\sqrt{1^2+(\frac{1}{2})^2}-\frac{1}{2},$$

式中的$\sqrt{1^2+(\frac{1}{2})^2}$也是$\sqrt{a^2+b^2}$的形状，于是就有方法作图了。

在第184–185页的图中，因$OD=1$，$OG=\frac{1}{2}$，$\triangle ODG$是直角△，所以

$$HG=DG=\sqrt{\overline{OD}^2+\overline{OG}^2}=\sqrt{1^2+(\frac{1}{2})^2},$$

$$HO=HG-OG=\sqrt{1^2+(\frac{1}{2})^2}-\frac{1}{2}=\frac{\sqrt{5}-1}{2}.$$

又因△*ODH*也是直角△，所以

$$DK=DH=\sqrt{\overline{OD}^2+\overline{HO}^2}=\sqrt{1^2+(\frac{\sqrt{5}-1}{2})^2}=\frac{1}{2}\sqrt{10-2\sqrt{5}},$$

是圆的内接正五边形的一边。

经过这样一解析，本书开头所举正五角星的作图法是怎样被发现的，就可以完全明白了。